U0086623

博碩文化

博碩文化

STUDY4

.NET

.NET Conf
總召真心話
社群與活動企劃 幕 後 秘 辛

活動策劃全攻略，打造成功的技術盛宴

Poy Chang (張立顗) 著

博碩文化

作　　者：Poy Chang（張立顥）
責任編輯：林楷倫

董 事 長：陳來勝
總 編 輯：陳錦輝

出　　版：博碩文化股份有限公司
地　　址：221 新北市汐止區新台五路一段 112 號 10 樓 A 棟
　　　　　電話 (02) 2696-2869　傳真 (02) 2696-2867

發　　行：博碩文化股份有限公司
郵撥帳號：17484299　戶名：博碩文化股份有限公司
博碩網站：https://www.drmaster.com.tw
讀者服務信箱：dr26962869@gmail.com
訂購服務專線：(02) 2696-2869 分機 238、519
（週一至週五 09:30 ～ 12:00；13:30 ～ 17:00）

版　　次：2023 年 5 月初版一刷

建議零售價：新台幣 450 元
I S B N：978-626-333-458-8
律師顧問：鳴權法律事務所 陳曉鳴律師

本書如有破損或裝訂錯誤，請寄回本公司更換

國家圖書館出版品預行編目資料

.NET Conf 總召真心話：社群與活動企劃幕後
秘辛 / Poy Chang(張立顥) 著 . -- 初版 . --
新北市：博碩文化股份有限公司 , 2023.05

面；　公分

ISBN 978-626-333-458-8(平裝)

1.CST: 會議管理 2.CST: 業務管理

494.4　　　　　　　　　　　112005436

Printed in Taiwan

歡迎團體訂購，另有優惠，請洽服務專線
博 碩 粉 絲 團　(02) 2696-2869 分機 238、519

獻給 STUDY4 創辦人

Sky Chang

推薦序

（一）

大家好，我是此書的推坑人（見作者序）Bruce。

我在網路上的個人簡介裡有那麼一小段文字：「先後受邀加入 Study4.tw 與 twMVC 社群講師」，STUDY4 是我人生中第一個受邀加入的社群，可以說沒有社群就沒今天的我。在那個還是 MSN 的時代，資訊相對於台北落後的台中，有個眼光獨特且行動力超強的人 Sky 成立了 STUDY4 社群，一路看著 STUDY4 從一個沒沒無名的小社群，透過一場又一場的技術分享會來推廣各種技術。然後從台中殺上台北，再一次從無到有，又一次次創造及完成不可能的任務。

我雖然加入的早，但由於我人在新竹，不論台中或台北，距離讓我以上台分享技術出張嘴為主，對於社群活動舉辦過程，說實話，我並無過多的參與。很高興和 Poy 成為同事，一起渡過翻譯 PofEAA 幸苦的那二年（這期間他還是擔任 .NET Conf 活動總召哦！）。這讓我非常好奇，他是如何當一位連任三年的總召？這三年疫情高低起伏，要舉辦活動的難度可想而知，而且辦的不好，大家會願意繼續找他辦！

他一定有什麼秘密。

很開心，我推坑 Poy 就跳，見到書稿，我還特別在訊息上問說：「這全部都是你一人構思而且一字一句寫來的心得嗎？」我完全不敢相信，這是他一人整理出來。這本不是真心話，根本是社群活動的終極寶典。從活動的一開始規劃，到講師的邀約，議題的規劃準備，場地的租借，活動設

備，請專業的團隊，文案的準備，廣告投放，如何找贊助商，如何提案、用費使用等等。從活動一開始的發想，到最後一袋垃圾的處理，你大概很難想像，這其中有多少事情需要注意和進行。這其中又包含了多少次深夜的討論。

要將這些三年內容進行系統化的整理與回顧相當不容易，就像我在外授課時常問，你現在寫的程式碼，三個月後問你，你還記得嗎？三個月太久，一個月呢？我呢，大概只有二週（大家都會會心一笑）。我曾經做過類似回顧的主題分享，90 分鐘的內容我花了三個月的時間收集與整理。而這一本三年的經驗實戰的匯整，難度我想只有 Poy 的肝知道。讀完書稿之後，我在訊息留了一句話：滿滿乾貨。

如果你是社群參與者，你能透過這本秘笈，你能更近一步瞭解你所喜歡的社群，而且都是最接近核心決策的一切資訊。如果你是社群經營者，你能透過這本是寶典，瞭解一個好的社群活動要如何規劃與執行，不論是十人、百人或千人的社群活動。

"I Don't Want To Miss A Thing"

撰文當下，KKBOX 正播唱著這首經典情歌，正好表達此書的意境，不願錯過任何點點滴滴。「為愛而學，由學而生」愛，是 STUDY4 中心思想，讓經驗能不斷傳遞下去，讓社群因你而存在，讓你因社群而彩精。

微軟最有價值專家

陳傳興（*Bruce Chen*）

https://blog.kkbruce.net

推薦序

（二）

知識技術社群集結共同興趣與相同專業的人們一同參加活動，活動中，有滿懷熱忱的專業人士分享知識與心得，有與會者彼此互相交流經驗，有技術團隊在活動中尋覓合適的人才，也有企業想要推廣自家產品與技術。

聽起來，組織社群與舉辦活動有相當多的好處，但實際上，要集結志同道合的與會者、講師、工作人員與企業，成功舉辦一場大型研討會是相當的不容易的。

這本書以一位總召（爐主）的角度，以幽默詼諧的方式分享 STUDY4 過去 3 年來規劃與執行 .NET Conf 技術年會的點點滴滴：從場地選擇到如何訂定票價；從一般的 Facebook 臉書宣傳到費盡心思設計行銷；從傳統技術分享到執行專業的企業實戰課程，每一場都是獨一無二且充滿挑戰。

若您對技術社群如何運作相當好奇、或是想知道如何舉辦一場大型研討會，那一定不能錯過這本書。

STUDY4 社群是 Sky Chang 創辦人一手建立，並由許多充滿熱忱的社群成員持續經營與傳承至今。給每個人多一點機會、技術不應該是孤單的、從零開始的每個人，這些是 STUDY4 成立時所設下的初衷。秉持的這個初衷，STUDY4 這 11 年的經營造福了不少技術人，對於台灣資訊知識傳播與技術推動有一定程度的影響。

感謝社群創辦人的你，你這 10 年來在技術社群活躍的身影，將會成為我們永遠的記憶。

2017-2018 .NET Conf Taiwan 總召

微軟最有價值專家

Duran Hsieh

推薦序

（三）

「技術不應該是孤單的」

記得剛畢業對於職場生態不熟悉，在 PTT 詢問該怎麼選擇自己的第一間公司時，原本以為會是一篇無人回應的貼文，但我卻在某天收到像論文一樣的站內信，寄件人是 Sky。信件裡，他給予我選擇的建議、職場上的注意事項、人生方向，字行間都感受到滿腔熱血，對工作的熱愛，即使我只是剛出社會的無名小卒，他都願意毫無保留的與我分享，讓我看見自己的價值。如果你（妳）有參加過 STUDY4 活動，一定有看過他總穿梭在台下，照顧著每個學員，把彼此連結起來，互相學習，把我們的社群逐漸擴大變得越來越強壯。

真正的領導不是彰顯自己的才能與潛質有多高，而是引導他人看見自己能力，這就是我認識的 Sky。

「給每個人多一點機會」

2017 年辦完 Visual Studio Everywhere 活動後，我們幾個收拾完現場佈置，疲憊的走在停車場，你突然說了一句「每次看到學員來現場交流，收穫滿滿，工作人員釋放壓力後的慶功宴的聊天，感覺一切都值得了。」當下聽到這句話雖然嘴巴說「都你到處亂推坑啦」，但其實內心是充滿著感動，因為這是首次在台中舉辦的 200 人研討會，我們終於打破台中是「軟體沙漠」的刻板印象，讓更多人對於軟體開發有新的想法跟嘗試。

我想，我們一起完成了一件有意義的事，對吧？

「從零開始的每個人」

感謝 Poy 用文字把這一切紀錄下來。這本記錄著我們社群的精神，我們的友誼，我們的回憶。讀這本書的同時，就像這 12 年的人生跑馬燈一樣，回想著能認識這群夥伴真好！我們互相砥礪，互相扶持，陪伴在人生路上的大小事。如果你是第一天認識 STUDY4，這也是一本值得參考的社群介紹書，希望能把 Sky 對於社群的理念，帶給更多人。

與人分享的同時，會讓自己獲得更多。

STUDY4 核心成員

Kyle Shen

序

Preface

這是一段真人真事的真實故事

記錄著 2019 - 2021 年舉辦 .NET Conf 的幕後

完成名家名著「Martin Fowler 的企業級軟體架構模式」的翻譯之後，在和 Bruce 聊天之際，討論到接下來要在社群分享的主題，他說：「其實也可以是軟議題，不一定永遠都講硬硬的東西」，講完隨即丟了一個題目出來「如何當一位 .NET Conf 總召」。

傻眼貓咪，這是什麼怪題目，這背後一定有坑。

2019 年 8 月，在因緣際會之下，我接下了 STUDY4 社群的當年度的 .NET Conf 總召任務，然後不知道為什麼竟然連續籌辦了三年 .NET Conf 技術年會，而這三次的 .NET Conf 技術年會很幸運的都有許多講師、社群朋友來共襄盛舉，連續三年都搞出約莫 500 人來報名參加的場子，這樣規模的社群技術活動，算是相當難得、少見的。

回顧每一場的活動籌備過程，我們一直在想如何將活動辦得精采，也在思考如何在活動中做出一些創新。在第一年的活動中，我們嘗試安插了一個實驗性質的主題：Startup Talk，沒想到這個小火花，除了引起許多人的關注，還在隔年意外的發展出 Enterprise Day，更在第三年籌備活動的時候找到台灣知名企業來活動會場擺攤位、做招募，增加曝光以及吸引人才的

機會。創業的路好像也是這樣，把握每次可以驗證小點子的機會，或許有一天小點子也能成長為大焦點。

　　一場成功的社群活動，講師和幕後的成員都付出了極大的心力。講師為了呈現最佳的內容，上台前一刻還在微調投影片的不在少數，更不用說為了準備 Live Demo 的實作案例，耗去多少個美好夜晚，少追了多少優質台灣戲劇。活動的幕後成員也為了讓活動能順利進行，在極其有限的資源下，把無變成有，把有化成美。很慶幸我有一群力挺的社群朋友，成功撐起活動，把活動辦得如此精采。

　　連續 3 年舉辦 .NET Conf 技術年會的經驗真的讓我獲益良多，不管是跳過的洞、踩過的坑，還是親身經歷的狀況劇，如果只辦過一場活動，那麼故事的數量可能稍嫌不足，不過在連續舉辦三年大型年會之後，什麼不該遇到的事件也差不多輪到了。經歷是靠一次次的事件累積而成，每次回想這三年籌備技術年會的所見所聞，就好想找人分享，畢竟有些事不能只有我看到，我相信你也會想知道活動的幕後到底發生了哪些事。這些事件集結起來已經可以寫成一本書，接下來，我就跟大家好好分享如何當一位 .NET Conf 總召吧。

Poy Chang
2023 年 4 月於台北

這本書在說甚麼？

如果你翻到了這一頁，我猜想你多少對這本書感興趣，本書的主軸想當然會以籌備 .NET Conf 技術年會的經歷，用一點對話和說故事的方式來呈現，並且除了和讀者分享籌備過程中的各個關鍵點，穿插一些事件始末的真實故事，讓讀者能身歷其境般的感受真實狀況。這本書我將目標內容分成以下幾種，你可以先看看有沒有你想聽的故事：

❶ 經營社群的真人真事以及真實故事

這本書以籌備 .NET Conf 技術年會的幕後故事為主軸，帶領你一窺從未曝光過的幕後領域。就算你只是這場活動的旁觀者，幕後真實故事的有趣，不為人不知的事件，足以成為你茶餘飯後的話題。

❷ 分享技術活動中最吸睛的焦點，議程、講師、場邊活動是怎麼誕生的

一場活動之所以會吸引你花錢、花時間參加，內容絕對是關鍵。如果你有來參加活動，一定會對於議程內容多少有些印象，對於講師是誰可能也有點認識，對於活動攤位的贈品也收集了不少。不過議程怎麼生出來的，講師是怎麼被推坑的，場邊活動是如何絞盡腦汁弄出來的，對於只是參加活動的你，肯定不知道。難道你不想知道？

❸ 分享舉辦社群活動的執行方案

舉辦大型活動就跟工程師接大型專案一樣，討論、規劃、實作，我們也試著用持續迭代的做法，不斷的修正問題，把活動主軸、議程與講師、行銷與預算構建出來，讓最終在呈現活動的時候，能滿足學員、主辦單位、贊助商的期待。

❹ 狀況劇、小故事、人算不如天算

　　不就是辦個活動，哪有這麼多問題。你一定聽過一句話：有人的地方就有江湖。筆者初出茅廬辦活動，本以為初生之犢不畏虎，殊不知身邊不但不是沒有虎，多的還是豺狼猛獸，不僅各種狀況劇層出不窮，整合各種想法和協調人力問題，可不是件簡單的事。而故事的案發現場，往往發生在出乎意料的時刻。

　　大部分的時候，我們都把組織活動想的很美好，天真的認為事情總會水到渠成。然而事實上，我們可能連水在哪都不知道，至於要如何把漫想的活動專案化為現實，這已經可以講兩場議程，或著寫一本書了。

目錄

Contents

◀ **第一部　社群是什麼** ▶

◀ **第二部　活動的背後** ▶

◀ 第三部　後台小劇場 ▶

第一部

社群是什麼

STUDY4 技術社群創立至今超過 **11** 個年頭，舉辦超過 **70** 場大大小小的活動，沒有參與活動的學員，沒有熱血的講師，這一切不可能發生。

簡言之，莫非社群就是為了辦活動而存在？

01 丞相起風了

事情總是發生在一個風和日麗的午後。

上午的工作告一個段落，同事們相約吃飯，而這群人彼此有著共同的話題：技術與社群。大夥悠閒地坐在餐廳的一隅，享用著美味佳餚的同時，搭配的正是聊不完的工作八卦與社群趣事，然而，就在邊吃東西邊聊天之際，有人拋出一個問題：「今年 .NET Conf 什麼時候要辦呀？」

在社群中辦活動其實是一件很民主的事，過程中，所有活動幕後的成員都可以發表想法，不管好的、壞的、有趣的、抑或是正經八百的。新奇有趣又好玩的創新活動主題多半都是在大家聊天、打屁的過程中，靈光一閃，誕生出來的。

這次的 .NET Conf，就是這樣誕生的。

⭐ 活動主軸

每場技術活動通常都會由一種技術當作主軸，可能是某種程式語言、開發架構、甚至是一個思維上的框架。除了技術主軸之外，活動本身有時還會擴展一些額外的想法，我曾經聽過最有趣，同時也是最大膽的想法，莫過於 Angular Taiwan 社群的郵輪研討會。過去舉辦的技術活動之中，跨國研討會雖然時有所聞，但依舊算是比較稀有的，而真的做到「跨」國研討會的，可能大多數人沒有聽說過了。基本上，研討會都是辦在地平線之上，也就是在陸地上舉辦，然而，將研討會辦在郵輪上，而且這艘郵輪還會從

台灣出發到日本，會議就夾在航行之間，像這樣的研討會就沒聽過了吧！這場郵輪研討會的誕生，就是在當時 Angular 線上讀書會的會後亂聊，聊出來的。

誇張的是，最終這場郵輪研討會還真的有辦起來，而且辦的相當有意思，在一艘前往日本沖繩的郵輪上，除了吃喝玩樂挑戰了各位講師和學員們的認知極限，更在郵輪的會議室中舉行技術分享，挑戰在沒有網路的地方盡情展示各種技術火力。你可能不知道，Angular 本質上是 Web App 開發框架，要在沒有網路的環境展示這個網站開發框架的能耐，說是奇觀也絕對不為過。這大概是台灣技術圈第一場郵輪研討會，雖然所費不貲，但沒參加到真的滿可惜的，畢竟下一次的郵輪研討會出現在哪裡，我想這沒人會知道。

每年的活動總要有些新變化，讓每年來報名參加的學員們有新的感受，同時社群也可以藉此機會測試一些新想法。

我們社群在 2017 年的時候，曾經用過「在世界的每個角落陪你寫程式」這個的主題，一個月內在台北、台中辦了兩場活動，展示當時即將上市的地表上最強的開發工具 Visual Studio，同時推廣能在 Windows 上執行的容器化技術，不讓 Linux 容器化技術專美於前。即便許多年過後，Windows 容器化技術的生態還是沒有 Linux 那般蓬勃。以活動策畫的角度來看時，當年這場活動，不論是分享的議程內容（Windows 和 Linux 的容器化技術）還是地理位置（台北與台中），都圍繞在「世界每個角落」這個主軸來策畫當時的活動。

在隔年，我們社群有感於 TechDays 技術盛會的停辦，許多資深社員願景很大的想要重現當時的場面，透過社群、MVP、微軟合作夥伴等的力量，邀請了十幾位當年在 TechDays 演講的黃金講師們，舉辦了 STUDY4

Love 技術活動，和熱愛技術的開發者們，分享彼此這些年的技術研究成果，期盼再造當年技術年會的盛況。

每場活動除了本身的技術主軸外，適度加入一些技術以外的主題，讓活動更具張力，讓學員們能在活動中有更多的收穫與體驗，同時透過社群的力量，讓學員們能在活動中認識更多的同溫層的技術夥伴，並且在活動中建立起更多的人際關係。

● 民主型的推選制

那麼誰來決定這些活動的主題呢？在每年的技術年會前夕，社群中資深成員們就會開始不經意的開啟「誰是總召」這個話題，畢竟活動的組織過程中，如果大家都只丟意見，而沒有人做決定甚至跳下去真實執行，那活動只會淪為茶餘飯後的話題。

要讓活動真的實作出來，首要任務就是找到一位願意擔當此任務的爐主。因此組織活動的第一件事莫過於決定爐主是誰。基本上，爐主是採民主型的推選制來決定，也就是越多人說你可以，你就一定沒問題。咦，這樣講好像變成霸凌制了。

接著活動幕後的許多大小事都交給這位爐主做決定，過程中有東西該做沒做的，爐主指派人去做，沒人做，就爐主袖子捲起來，想辦法把東西生出來。如果不用推坑的方式指派爐主，那只有看當初出第一張嘴的人，要不要往下發展了。

如果你在社群待得夠久，你一定會發現，社群其實是一個很愛推坑、被推坑、自己挖坑的世界。有時候你在台上所看到的講師，或者活動背後的爐主，就是這樣推舉出來的。

這樣聽起來社群好可怕，感覺隨時會被推上斷頭台，但其實也別擔心，社群中的人都很友善，會在需要的時候伸出援手，甚至會神來一筆的助你一臂之力。如果你真的要被推上斷頭台，你也一定會被大家包圍，大家會一起為你加油，讓你不要放棄跳下去，這樣的社群氛圍，是不是很能讓人加速成長。

我人生中的第一場技術分享是在 2017 年的 Angular 線上讀書會，之所以會有這場分享，是因為讀書會成員 Jimmy 得知我玩了一個有趣的服務，所以推薦（推坑）我出來分享所學習到的東西。這場分享內容至今在 YouTube 還找的到 https://youtu.be/HjlzxIQQjDM。

總召真心話

絕大多數的技術社群都是屬於自發性組織，其中會有很多熱血的成員，很願意站出來分享，或者貢獻一己之長，讓這個非營利的組織能活絡下去。

我記得我們有位社群成員很神祕，平常聊天約吃飯從不見人影，但只要是辦活動立刻就會現身，而且任勞任怨還附帶笑容，是位令人非常放心的咖，簡直是社群的瑰寶。大多數人看到的是大鳴大放的台上講師，但其實社群中的人，有很多都是在幕後默默的付出，這些人的存在，才讓社群活動能夠持續的舉辦下去。

這裡必須補充一下，在技術社群這個群體之中，「推坑」這個詞，是不帶惡意的，很多時候甚至是可以解釋成一種善意，認為你可以辦到所以推舉你，或者你的分享將有助於其他人往更好的方向前去，所以推坑（邀請）你出來舉辦一場。

02 聽說你要當總召？

.NET Conf 是 .NET 技術社群的年度重要活動，每年會由微軟 .NET 開發團隊以及 .NET Foundation 於 11 月份左右舉辦 .NET Conf 線上活動，連續三天的線上直播，分享當年度與 .NET 技術相關的議程，從語言特性、框架新功能、甚至第三方開發工具與套件的火力展示，內容非常豐富，這場官方所舉辦的活動，主旨就是在介紹並推廣 .NET 的最新技術與其應用。

由於是官方舉辦的，所以會以美國時間為主，因此身在台灣的開發者們，如果要追第一手的技術資訊，勢必需要跟著美國的節奏，晚睡一點。年輕的技術人都會有追逐新科技，擺脫舊包袱的期待，因此像是 .NET Conf 這種發表第一手新技術的活動，總是特別引人期盼。

不過使用 .NET 這項開發技術的開發者可是遍佈全球，而許多國家都有所謂的在地技術社群，因此 .NET Conf 在官方活動揭開序幕之後，許多在地的 .NET 技術社群會自主舉辦活動，將官方發布的熱騰騰技術資訊搭配當地語言做進一步的擴散分享。一般來說，在地社群除了將精華的技術資訊重新分享之外，在這個活動舞台上，還會有許多來自當地的技術大佬們，分享過去一年所接觸到新知識、新技術。

就在餐廳的那群人開啟了「今年 .NET Conf 什麼時候要辦呀？」這個話題之後，空氣瞬間凝結，好似隨時會有甚麼大事情發生。這時候大家腦袋中如同跑馬燈般，出現了很多總召人選，而且有趣的是，當大家將名字拋出來的時候，很恰巧且非常一致，這些人選都不在現場。

這時候餐廳的背景音樂，很自然的彈奏出鏗鏘有力的推坑節奏。

「去年是誰辦的，辦得不錯呀。」意有所指地想要上任總召不得卸任。

「老屁股了，社群需要新的活力。」如同開發團隊需要新鮮的肝。

「我有幾個人選，但我先不說。」說這句話的人，嘴角微微上揚著。

熙來攘往之際，坐在角落的 5 號推坑手發出了致命的一擊。

「那個…最菜的 MVP 是誰呀？」

由於 .NET 是由微軟主導的開發技術，自然而然在找相關人選的時候，就會想到微軟的 MVP 們。

或許有些讀者不知道什麼是 MVP，這裡的 MVP 不是你常聽到運動表現優異的最有價值球員（Most Valuable Player），也不是專案開發中常提到的最小可行性產品（Minimum Viable Product），這裡的 MVP 指的是微軟最有價值專家，全名為（Microsoft Most Valuable Professional），是微軟專門授予給技術社群中交流微軟相關技術且表現出色的專家。

當年我還是個初心工程師的時候，非常景仰 MVP 這個頭銜，它代表著對技術上一定程度的專業，是需要累積相當多技術知識，同時還是熱心於擴散知識的代表。作為開發者，每當遇到難解的問題時，在網路上搜尋方向與解決方案的時候，往往就是這群人身先士卒的寫了技術分享文，讓身為後進的我，能少走一些冤枉路。

過去幾年，我試著建立自己的部落格，主動將所學到的技術經驗，或是解決掉的技術問題記錄下來，撰寫成部落格文章，分享給有需要的人。雖然不知道上面的文章實際上幫助了多少人，但是這些文章很多時候，幫助到的是未來的自己。

多年之後，在因緣際會之下，我當上了 MVP，當時收到 MVP Program 團隊寄來的恭賀信時，不敢相信我有一天也能選上 MVP，甚至有段時間覺得自己有了冒名頂替症候群。

或許你已經猜到了，這場聚餐就發生在我當選之後沒多久，而當時最菜的 MVP，正是在下。

通常這種推坑的消息會在社群之中擴散的很快，中午用完餐後沒多久，我的 Facebook 上便冒出了這則貼文「聽說你要當 10/26.27 的 .NET Conf 總召？」。

鯊魚聞到血，會觸發他的天性。很自然的，這則貼文馬上引起了社群朋友的關注，紛紛在底下留言，用力推坑。

「啥？發生甚麼事了？」我看到這篇貼文的當下，只有黑人問號。

圖 2-1　有圖有真相，有在這則貼文留言的人都是推坑共犯

總召真心話

這裡我要澄清一下，實際上，菜不菜並不是重點。反倒是，推坑者無心，入坑者有意。

一般來說，如果沒有人挖坑，沉浸在同溫層的人通常不會主動跨出去，更何況是自己從來沒有做過的事。坊間有不少書都在討論如何突破又厚又硬的同溫層，其實最簡單的方式就是加入社群。

踏入一個陌生的環境，正是突破同溫層的第一步，社群本身通常會有一個主軸，讓你選擇是否要踏進去，接著你可以在社群之中，接觸很多不一樣的人與機會。

想擴展技術線？這裡多的是業界經驗談，快來彼此互相挖掘。想換工作？和社群的人聊聊，優質工作機會可能就在你旁邊。想要熱血分享？快來跟我報名。

身為這篇故事的入坑者，其實是感謝挖坑的人，雖然這個坑挖的又深又忽然。我真心地認為每個坑都是一個機會，讓自己有機會能探索未知的領域；同時也是種考驗，考驗自己能否充分發揮自己，完成任務；也是種成就，完成曾經認為的不可能任務，解鎖成就。

對，我就是菜，而且一菜，菜三年。

03 第一場活動籌備會議

.NET Conf 2019 是我第一次組織大型活動，也是我第一次組織活動，對於籌備一場活動需要做什麼，幾乎一無所知，在此之前，我只是活動報名表上的一個名字，頂多上台講一場議程。

接下活動總召一職之後，懵懂無知的我當然是想辦法找各位前輩來請教，汲取前人的經驗，或者說至少仿製之前所辦過的活動，畢竟萬事起頭難，有得抄就不會太難。

社群的成員來自四面八方，北中南都有，甚至有人遠赴對岸工作，要約大夥見面討論並不切實際。拜科技發展之賜，地球不再只是平的，線上會議工具直接把地球壓縮，讓你隨時隨地都可以見到彼此，討論工作、生活、社群大小事。

不過成員也都各自有自己的工作，甚至有家庭要照顧，要喬一個大家都可以的時間也是個困難點，因此我們的活動籌備會議通常會設定在晚上10 點之後，這個時間該下班的也下班了，小孩該睡的也在床上打鼾了，寫 Side Project 的也差不多上線了。

第一次社群開會，我還很菜，便先請前任總召幫忙開場。

「大家對這次活動有什麼想法嗎？」前任總召開頭直接提出大哉問。

「去年三軌滿豐富的，這次弄個四軌吧。」

「每年都是一天的年會，挑戰辦個兩天吧。」

「辦在世貿國際會議中心，不然南港展覽館也不錯。」

「TechDays！」資深前輩吶喊著。

「總召說啥幹啥。」

「我想要做外套。」

每個人都對活動有期待，各自也懷抱著遠大的夢想，就像頭腦風暴一樣，大膽的發言，說不准事情就朝這個方向前進了，而且還記得前面說過的嗎，社群其實是很民主，當多數人覺得這主意不錯，我們就撩落去了。

我承認，我在第一年辦活動的時候非常提心吊膽，深怕會有哪個細節沒處理好，雖然社群前輩們都跟我說別擔心，大家都會來一起幫忙處理，不過在籌備會議中聽見這些想法，誰不會壓力山大。

「說好不提 TechDays 的…」另一名資深前輩低聲呢喃。

過去官方每年都會舉辦超大型的技術研討會，可說是這個圈子的年度盛會，之所以會定義成超大型，不僅是上百場的議程內容包山包海，各種新鮮的技術、服務、產品都會在這場年會傾巢而出，場地規模也是大到像是在逛資訊展，簡單說就是議程、攤位超級多，好不熱鬧。

不過後來似乎是受到敏捷開發的影響，新產品或功能的發布週期越來越快，快到已經無法用年會的方式來統一發表，畢竟每個新產品或功能的更新周期都不太一樣，若都要集中在年會才來發布，有些功能不知道早就問世多久了。

還記得我第一次參加 TechDays 是在 2015 年，這場年會同時也是官方舉辦的最後一場超大型年會（透露出我的菜味）。我同時也是在這場年會中開

了眼界，明白開發的世界原來有這麼大，開發這工作不是只需要懂產品、懂技術，還要懂得開發思維，尤其是開發維運一體化的議程內容，這是我第一次聽到 DevOps。

因為曾經是活動的一粒沙，所以稍微懂得前輩們的感慨。

不過說真的，如果有辦法能把這些部分的想法實現，即便不及當年 TechDays 的規模，但這場活動一定也非常精彩，而且站在學員的角度來看這場活動，肯定是場乾貨滿滿的技術年會，如果我是學員一定會買票參加。

「我可以買票參加就好嗎？」我在心裡的 OS。

備註

當年影響我很深的議程，由於事過境遷，官方公開提供的錄影檔已經消失在茫茫網路海之中，唯獨這場「開發運維一體化（DevOps）的敏捷九劍」我還有備份，讓有興趣的開發者可以溫故知新 https://s.poychang.net/techdays2015-devops。

 總召真心話

有時候會感覺技術這兩個字，社群走的比工作場所來的快上不少，在疫情爆發之前，我們就經常使用線上會議工具來溝通事情，反觀當時的企業還只是在勉強的嘗試。開發技術的崛起亦同，各種潛力極大的開發技術雖然大多根源於國外具有技術領導地位的大企業，但總是透過社群來擴散到各家企業之中，成為技術輪轉的動力。

社群活動的意義除了分享技術，還有個原因是社群成員們四散各地，因此每次的年會能相聚在一起，就變得更顯珍貴，大家也為了這一年一次的大聚會，集結心力，努力把活動辦成，即便過程中不知道出現過多少次難關，大家聚集在一起，肝笑一下，任務完成，事情就過去了。

社群最美麗的畫面，就是在每次的活動過程中，學員與講師之間的互動，下午茶時間集體享用著大會準備的供品，在攤位前面和贊助商聊天、玩遊戲、拿贈品，簡單說就是各種人與人的連結。

一個非營利的社群竟然想辦 2 天以上的活動，真心覺得誇張，這背後的挑戰可不是只有經費這麼簡單，人力、物力，以及要投入的心力可不是開玩笑的。不過沒想到，第一年還真的辦起來了，推出了 2 天 32 場議程，而且沒想到隔年的 .NET Conf，竟然挑戰了 3 天 40 場議程，還有 4 場 Hand-on-lab 實作課，讚嘆社群成員的無限可能。

04 復刻專業

技術社群的成員基本上都是技術掛的，雖然都不是行銷專業，也很少有機會和公司內的行銷團隊沾到邊，頂多就是幫行銷團隊架設網站，或處理一些「技術」問題。不過說到參加專業行銷團隊所舉辦技術研討會，我們可是不惶多讓，不論是小型的 meetup 或是各種大型技術年會、研討會，參加過的活動數量可說是相當驚人，拿過的活動識別證都可以編輯成冊了，我自己甚至就有一格抽屜塞滿了狗牌。

> **備註**
>
> 大會所製作的活動識別證，俗稱狗牌，用於識別講師、學員、工作人員獲攤位的身分，活動辦得成功，這個狗牌通常具有一定程度的紀念價值。

即便不是專業，我們當學員的經驗可是相當豐富。社群的核心夥伴們總是在每一場專業級的活動中，試圖將不勝枚舉的活動細節記錄下來，要知道技術宅是有強烈的分析 M 屬性，不論是活動的行銷文宣、票價規劃、活動立牌、議程表、甚至紀念品和問卷，只要有辦法接觸到細節都先記錄下來，之後抽絲剝繭的研究這種專業活動是怎麼被製作出來的。

⭐ 術業還是有專攻

身為開發工程師，架設個網站絕對沒問題，可以自己搞定，不過你在活動中看到的各種看板、製作物、攤位、攝影機、甚至身邊的工作人員，很多時候是要搭配專業的廠商才有辦法美美的呈現。

光是看板的製作就有許多狀況需要討論,上面要放哪些資訊、字體的大小是否看得清楚、設計素材從哪裡來,還有完稿時要記得將文字建立外框,避免輸出的那台機器沒有你精挑細選的字型。甚至在選擇如何製作的方式,簡單的腳架在風大的地方是絕對撐不住的。千萬別小看輸出製作物這件事,魔鬼真的是藏在成品的細節裡。

更別說攝影大哥的專業了,拍中午便當我還可以,要捕捉大師講課時目光如炬的神情,或是學員專注聽課的眼神,這些都只能跟攝影大哥下跪了,捕獲精彩的瞬間真的需要專業。

如果要做多場次連播或是做到線上直播,有專業的團隊絕對讓你省心很多,效果也比自己搞,完美非常多。讚嘆那些設備器材,以及直播團隊的專業。

想要復刻專業的同時,請記得也複製一下廠商的名片。

⭐ 好點子壞點子

不同的領域有不一樣的活動形式,但就算同樣是技術型的活動,舉辦方式也各自有異。在過去參加過這麼多場活動的經驗中,總是會遇到安排得不錯,可以學習的地方。像是這類型的對話不知道出現過多少次。

「他們戶外看板背後是這樣弄,要用旗座壓住,才不會被風吹垮。」

「知道學員對每場議程的看法對設計活動很有幫助,學一下他們的問卷。」

「每次都會有學員問會不會提供投影片,學他們上傳到 GitHub 好像可以唷。」

「我拿到攝影大哥的聯絡方式了。」

「這個啤酒杯很實用耶，來找一下有哪些廠商在做這個。」

「哇，大會還會特別做講師感謝卡耶，上面還有講師滿意度，這樣我知道怎麼要脅 Andrew 了。」

以前只是台下學員的時候，單純參加活動聽聽演講，不會看到活動中所安排的細節。自從跟著前輩們一同逛活動、田野調查之後，才知道每場活動之中都有些小細節值得借鏡。當然，也是會有不盡理想的。

「這個報到過程太複雜了，絕對塞爆。」

「這議程的置入性行銷也太滿了吧，多到要吐了。」

「請政治人物來頒獎？我應該來錯場子了。」

「議題和內容怎麼有辦法差這麼多。」

過去的參加活動的體驗實實在在的反應在自己身上，當角色易位之後，當然就會想辦法把曾經好的一面呈現出來。而且通常，乙方的角度看多了，要改當甲方也不會有太大問題吧，或許這就是工程師的壞習慣，逆向工程。

|總召真心話|

上天是公平的,如果你不是這個領域的專業,甚至在這個領域是個蠢蛋,那也沒關係,年輕愚蠢是有藥醫的,藥方就是時間和經驗。

還記得你第一次寫程式嗎?應該很少人是無師自通的。那種把打洞卡一攤開,或是電腦一開機,就知道怎麼寫出令人驚豔的程式碼的人,在這世上少的跟有完整單元測試的專案一樣。大多數的人(包含我),都是一步一步的從基礎知識開始學習,慢慢朝向專業邁進,正所謂,時間花在哪裡,成就就在哪裡。

在社群中,最多的不是活動,是前輩。社群的前輩們有著充沛的經驗,觀摩前輩怎麼做,跟著做就對了。就像看到一段程式碼,註解寫著「照抄」,這時候千萬別一心想著重構。要知道,當初寫下那句註解的前輩,很可能已經花了無數個夜晚,不是在重構,而是在 rollback。

05 科技的力量

時間稍微快轉跳躍到 2020 年 3 月，疫情在這時候已逐漸從暗中湧現，一場沒人能倖免的風暴開始形成。這時候的大家都齊心的想讓疫情快點過去，降低了各種外出活動的可能，此時的社群活動也因此冷卻下來。到了同年 6 月，疫情發展比想像中的嚴重，導致許多大型的技術年會和社群活動都因此取消或延期，更不用說小型的活動或聚會了。

「這次的年會好像不好辦了。」看著各大年會逐一發布取消和延期通知，我們心裡開始覺得不妙。

停辦活動對於社群來說，就只是少了一場和大家相聚、分享經歷的機會，其實也不會造成多大的傷害，頂多就是覺得可惜。不過對與某些經常舉辦各項年會的組織來說，停辦活動很可能會讓該場年會從此消聲匿跡。經營許多才累積出成果的成績，可不會想就這樣被疫情掩沒，持續辦下去才是唯一能走的路，只不過，該怎麼辦？

一般來說要想舉辦活動，空間會是實體聚會最大的門檻，有心辦活動卻沒有場地可以用，那一切也都是枉然。在 2020 以前，沒有場地幾乎就等於沒有活動，不過疫情改變了這一點。因為疫情，所以迫使大家不得不接受只有線上能聚會，也因此辦活動最大的門檻，空間，已經不再是問題。

空間不再是問題，問題是該怎麼呈現。

　　疫情期間大家都開始習慣線上會議，熟習各種視訊工具來和遠方的同事溝通、討論，但這樣的工具似乎不適合用來舉辦活動，特別是學員為數眾多的年會。

　　不過對於經歷豐沛又有實力的組織來說，過去也不是沒執行過線上的大型活動，同時間容納多人上線參與，要生出解決方案，還是有辦法的，但是問題卻移轉到講師身上。

　　以前這樣的線上活動，議程內容如果要進行直播，會邀請講師集中在一個設備齊全的環境下進行，在不然也是可以透過預錄的方式處理。疫情之下，要讓講師集中就變得不可行了，因此大多數議程都採預錄的方式，播出時搭配講師隨側在聊天室中與學員互動。

　　預錄是一種不錯的解決方案，但如果需要在錄製過程中，露出講師分享的現場畫面，難免遇到錄影設備搭建的問題。有些經濟實力雄厚的組織為了解決這個問題，甚至會寄一包錄影設備給講師使用，以求錄製出相同品質的影像。

　　大部分的講師都滿要求自己的錄影品質的，在這段期間，很多講師投資了不少錄影、錄音設備，一方面產出高品質的議程影片，二方面發展一下第二專長，搞不好疫情過後華麗轉身成為 YouTube 網紅，也說不一定。

　　講了幾場這樣的線上年會，也觀摩了不少線上活動，這些成功在疫情之下還能籌備出來的大型年會真的很厲害，但如果疫情一直到年底都還沒過去，我們有辦法在 .NET Conf 復刻出同樣的效果嗎？難度似乎很高，畢竟這些線上年會所使用的系統和串流服務，可不是社群可以承受的。

　　「.NET Conf 的活動按照往例都是在年底舉行，我們還有點時間可以觀望，搞不好到時候疫情就過去了。」雙手合十，希望如此。

接著經過好幾個月的奮鬥，自主隔離、在家上班、AB 分流、停課不停學，即使疫情的發展如此嚴峻，各個社群對於想和同好交流的心卻沒有因此而被澆熄，社群中逐漸發展出適合社群的線上聚會解決方案。

⭐ 基本款

過去許多公司為了降低人員出差各個營業據點所建立的線上會議工具，使用機率並不高，頂多偶爾從櫃子搬出來給高層主管開會使用。到了大疫情時代，線上會議變成了公司內人人必備的基本技能，畢竟隔天你會在哪裡上班，實在說不準。

各種線上會議工具如雨後春筍般冒了出來，而且瞬間開花結果，無論是使用 Zoom、Google Meet、Microsoft Teams、StreamYard，還是透過 LINE、Telegram、Skype 等即時通訊軟體，只要是可以拿來開視訊、分享畫面、群聊的，各種可用的工具通通被社群搬出來玩了一輪。

虛擬聚會就是這麼簡單，一顆攝像頭，一隻麥克風，軟體裝一裝，甚至不用裝，連結按一下，社群線上聚會就開始了。

⭐ 進階款

社群的高科技宅們可不會把開個視訊、分享個畫面，就當作是社群線上聚會的最終解決方案。有些從超乎想像的線上聚會方式，隨著科技的進步，改善了呆板且冷冰冰的視訊體驗，更讓學員能沉浸式的參與活動所帶來的各項細節。

Gather Town 可說是在疫情嚴峻時期，大受到社群朋友們歡迎的線上視訊服務。這是個相當有趣的線上聚會方式，所提供的互動介面就像是在玩

一款 8 bit 的 RPG 遊戲，學員化身為一個虛擬的可愛角色，在大會精心設計的虛擬活動會場中逛大街，當在虛擬空間遇到另一位學員時，你甚至可以打開視訊、麥克風，即時跟你「碰面」的人面對面。

透過角色扮演的機制每個人可以客製化出自己的造型，顯示出個人特色，虛擬的場景也彷彿是把現實世界的會議室和攤位傳送進遊戲之中，線上交流瞬間變的暨有趣又溫暖。這樣的線上聚會體驗相當富有新意，不過這種有別於以往的線上交流機制實在是太特別了，特別到有些系統 bug 可以當作 feature，例如一群人站在門口是會把出入口堵死，就像是圍事一樣，把人被擋在外面無法進入。或許是苦中作樂，這種 RPG 遊戲常發生的路被堵住走不出去的 bug，完整的詮釋出現實世界中可以做到的情境，實在讓人又氣又好笑。

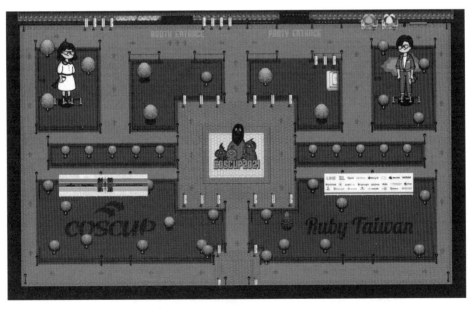

圖 5-1　COSCUP 在 Gather Town 中精心設計的活動會場

還有另一種更虛擬的服務也很好玩，AltspaceVR，這是一個社交型的 VR 平台，你可以使用他來舉辦活動、建置虛擬世界，甚至和來自世界各地的使用者互動。初次進入這個平台就可以發現很多有趣的互動功能，像是四周會有可以放煙火的火箭，還有籃球框讓你真的和朋友比賽投籃的精準度，甚至可以用 Web 投影機分享來自講者的瀏覽器畫面。除此之外，社交平台的基礎社交功能也有不錯的體驗，和對方聊天的時候，虛擬角色 Avatar 的嘴是會跟著動的，讓你有在和人對話的視覺感。

最令我驚訝的一點，是我第一次使用 AltspaceVR 並進到一個陌生的房間探索，看見其他使用者操作的 Avatar 並跟他對上眼的時候，那位使用者竟然跟我揮手打招呼！在虛擬的世界中看見有揮手這個動作著實讓我吃驚，一個動作就足以表達友善的千言萬語。這個小動作的震撼，若不是親身在虛擬世界經歷過，並不會覺得這有甚麼了不起。

元宇宙的發展以空間敘事作為基礎，很多精心設計的場景少了頭戴裝置就會遺失一些感受。雖然一般會認為 VR 一定要有頭戴裝置才能體驗，但這項服務是支援直接在電腦上 2D 呈現，雖然少了點沉浸體驗，但多了更多機會讓人們來參與。也因為這樣的關係，在後來安排活動議程的時候，順應局勢的加入相關議程主題，等著大夥有朝一日也被傳送進來，一起在記憶中寫下有趣的體驗。

|總召真心話|

人是群居型的動物，基本上是無法離開人群而獨自生活的，自從出生以後，無可避免的需要和人產生互動、交流、溝通。也因此科技的趨勢也始終圍繞在以人為本，許多科技都基於人們的需要而被創造出來，產生獨特的價值。

社群經常存在於人與科技之間，在現代社會中，人與人的連結經常是藉助科技的發展而形成，不論是在社交媒體上，還是各種即時通訊的 App，在使用科技的過程中，社群會在之中扮演著適當的角色。

即便在撰文的當下 AltspaceVR 這套以社交為主的虛擬實境應用即將邁入關閉，但科技社交的場域只會繼續延伸，不會就此停歇。就像多年以前，不會想過即時通訊軟體會有社群的機制，也不曾想過像 Clubhouse 這類的應用會在社群交流上引起這麼大的浪潮。

科技和社群兩者的相輔相成，不在於技術如何日新月異，而是在以人為本的基礎下，將人與人用不同的方式連結在一起。

06 存在的目的

人跟貓狗猴子一樣，被歸類成社會性動物，在這種群居的行為模式下，自然而然發展出來的社會性是以親屬選擇為主的關係模型，這種模型的群體，成員會傾向以擁有相近血緣的對象作為合作對象。像是蜜蜂，這類型的昆蟲的巢穴中，會有一隻或多隻女王進行主要的繁殖任務，身邊的其他兄弟姊妹則擔任輔助性的士兵或工兵。這種家族型的群體組成，以依循天性自然驅使而成。

當出現多個親屬選擇的群體時，另一種以群體選擇為主的模型就逐漸成形了。群體選擇的模型普遍存在我們的生活、工作環境之中，所謂的聯姻關係、裙帶關係，是親屬選擇與群體模型下的延伸；志趣相同的同好會、職務相似的團體，這些出於共同的選擇而聚集在一起的社團，不一定會有血緣關係，但通常會有一致的目標或想法，這就是以選擇為主的社群模型。

幾十年前社群的形成，是以家庭、教會、或是學校社團為主，過去很多資訊的交流，都必須靠這類型的社群團體來獲得，尤其是較為封閉的村落更是如此。在資訊傳播相當困難的時代，教堂不僅是地方的社會中心，同時也是資訊交換的重要場所，在每周一次地禮拜中，在四處打拼的人們可以藉此機會與有相同信念的故人共聚一堂，不僅可以共同祈禱，更可以交流彼此的所見所聞，甚至商業上的同舟共濟也可能在這裡發生，可說是生活與生存交織在一起，也因此過去的社群團體所營造出的凝聚力相當緊密。

社群是在人類社會出現的時候就出現了，具有共同的文化、價值觀、語言和社會結構的人群聚集在一起，而形成了社群。這樣的傳統社群團體在現今社會中，因為人們的注意力不斷的被稀釋，而變得更為多元、分散，畢竟現代人可以透過各種數位工具簡單又快速的接觸各種外部群體，輕易地取得各種資訊，你可以很容易的選擇你要加入哪一種群體，再也不用受困於地理限制或是血緣關係。

加入不同的群體的門檻因為科技的發展降至前所未有的低，只要你願意，或是只需要回答幾個不是假帳號的問題，你就可以是該群體的一員。因此以群體選擇為主要的社會模型，也成為現實社會中最大宗且錯綜複雜的群體。

這種由共同的興趣、需求和目標所組成的小型群體，以解決共同的問題或是以達成共同合作為主要目標，隨著時間的推移，社群對我們的意義也會不斷演變和變化，以應對群體的需求和目標。

⭐ 社群為我

在學生時期，最主要的社交場域不外乎教室、球場或是社團教室，在這些場域中我們有機會和共處一室的人們交換資訊、增進情誼、互通有無，通常所認識的新朋友就是在這些地方所結交的。

然而對許多人來說，離開學校之後，工作的場域成了取而代之的社交場所，新認識的人通常是公司 HR 招募進來的新同事，因此在工作上所認識的夥伴在認識之初就先被篩選過一輪，為了工作領域的完整性而聚集在一起，彼此的結識好像變得沒有這麼單純，好像也失去了選擇。

這樣的前提之下，感覺像是人際關係的背後，有一隻默默的黑手在操弄著，因此所謂的工作夥伴即便長時間相處在一起，要說這些夥伴是朋友，好像也感覺哪裡不對勁，說不出來，這時候的我們對於社群團體好像也沒有了選擇。

　　但這不是說長時間相處的工作夥伴就不能成為朋友，而是我們選擇的能力被大幅度的被限制，因此對於社群團體沒了選擇之後，好像不再可以隨心所欲的自由了。

　　在社群網路的出現之前，我們的社交場域是有限的，以至於我們的社交圈或是社交對象也都是有限的，但是在社群網路的出現之後，我們的社交場域、社交圈、社交對象都不再有限制，我們可以透過社群網路，與世界各地的人們交換資訊、增進情誼、互通有無，這些都是以前不可能的事情。

　　當我想要駕馭 JavaScript 這隻如同脫韁野馬的程式語言，於是我加入的 Angular 讀書會，學習如何使用 TypeScript 以及 Angular 來好好管管 JavaScript 所散發的野蠻特性。

　　而我想了解其他人是如何運用 Azure 雲端服務來開發應用程式，於是我加入的 Azure Taiwan User Group，學習如何使用 Azure 來開發應用程式。

　　社群網路的出現，確實為人類的社交提供了更多的可能性和選擇。

　　另外，你可能聽過一些利益論者的言論，他們認為朋友是利益交換下的產物，之所以會成為朋友，背後存在著某種利益交換，像是我需要你的經驗，你需要我的想法；我得益於你的某項專長，你獲得我的某項知識。先不論這樣的說法是否符合你我心中對於「朋友」的想法，這樣的觀點顯然是利益驅動的，然而在這樣的過程中，確實讓我們對選擇有了明確的想法，我們可以根據自己的需求或想法，來選擇適合自己的社群團體。

因此社群的出現，讓我們有機會成為更好的自己。這篇一開始有提到，群體選擇的社會模型組成了現實社會中最大宗且錯綜複雜的群體，而這種社群群體就像是微服務一樣，每項服務都是一個獨立的模組，可以使用不同的語言、框架或各種技術，而我們就是這些服務彼此間的連結，最終，這些服務滋養了我們，我們也成就了這些群體。

⭐ 社群惠我良多

受到《新難兄難弟》這部電影中梁家輝的影響，每當聽到某某為我，馬上聯想到的當然是就我為某某。不過在回饋社群之前，我想再多分享一些我在社群中所得到的好處。

大部分的時候，我們在社群中所獲得的是人與人之間的互相交流，過程中獲得許多新知、技術以及許多不可言語的多價值，包括精神上的支持、增強自我實現感等。

在過去撰寫多年的部落格的過程中，即便我始終是以寫給自己順便分享給有需要的人，這樣的心態來面對，但是當我寫的部落格內容出現在社群媒體的時候，所獲得的興奮與成就感，是我無法用簡單幾句來形容的。

在 2017 年的時候，因為工作需要寫一篇如何使用 Hybrid Connection 連接 Azure VM 與地端伺服器的文章，之所以會有這篇文章只是因為我在 Google 搜尋相關的解決方案時，竟然全網只搜尋到兩篇文章有寫到這項服務的關鍵字，再來就什麼都找不到了。

當時堅持了大半天之後，瞎貓碰上死耗子的領悟出該服務的使用方法，心想終於搞定了這個沒什麼人在玩的東西後，憑著這種鬼東西不能只有我看到的心態，就把這篇文章寫了出來。

就在發布這篇文章後的隔三天，我所加入的 Azure Taiwan User Group 社群中，人稱不老男神的湯姆哥竟然在社群中分享了這篇文章，當時我就像是被雷打到一樣，心想我寫的文章竟然能被湯姆哥閱讀，還被分享出來在上千人的社群之中，虛榮心都溢出來了。

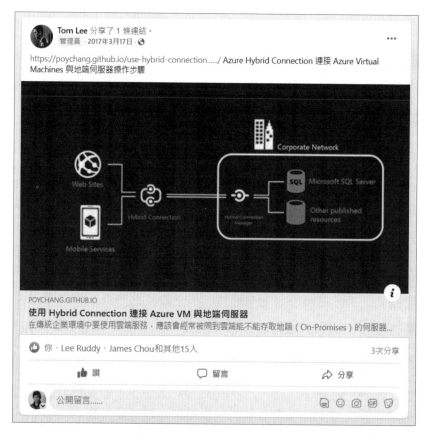

圖 6-1　當年被湯姆哥分享的貼文，拉近了我與社群的距離

像這樣的自我實現感可以讓人們感到滿足和自豪，更可以讓人們感到自己是有價值的，是有能力去完成自己想做的事情，並且獲得社會的肯定和讚賞。在獲得讚賞和肯定之後，將這股能量回饋至原本的行為時，自我

實現感就成了可以促進正向循環的催化劑，因為當人們相信自己有能力實現目標時，就會更有信心去嘗試新的事情或持續的將困難的事做下去。

社群不只讓人心靈得到滿足，還有機會讓我們滿足更現實的事物。

在某次參加 twMVC 的社群活動時，主持人開場時說了一段話，他說：「參加技術活動的目的不僅僅是為了學習新的技術，更重要的是為了建立人際關係，因為在這個社群中，你有可能可以找到你的夥伴，或者你的下一份工作。」

「這是真的。」我內心很認真地說。

在寸土寸金的台北，要生存下去不容易，要有一個好的工作更是不容易。2010 年，我曾經是大學畢業 28K 的工程師，即便比 22K 好上一些，但這樣的薪資水平在台北的生活成本下，依然是相當吃力的。雖然那段時間我一直納悶著四年大學教育中所學到的東西，是不是在社會上沒有什麼用處，莫非職場中的真槍實彈才是更有價格的？或許是，但也可能不是。

經過很長一段時間的探索，我認識到自己的價格不是取決於自己的過去，而是未來能用什麼能力為怎樣的公司帶來什麼價值。這句話有兩個關鍵字：「未來的能力」和「怎樣的公司」。

未來的能力是指，我們需要不斷的學習新的技術，並且不斷的實踐，這樣才能夠在未來的工作中，有更多的能力去應對工作上的挑戰，簡而言之就是學習力。從事系統開發或資訊相關工作的人，一定都會對於技術日新月異有很深的體會，即便不去接觸跨技術線的潮流新技術，單就既有技術的版本更新，就夠你學不完的了。

在這種學無止盡的大環境下，面對不斷推出的新技術時，可以試著採用這樣的學習策略，先簡單且快速的遍巡新技術，對各個新技術的優勢有

個簡單的印象，這麼做的目的相當於在資料庫中做好索引工作，這些索引能幫助我們在日後要組織解決方案時，知道可以用什麼關鍵字來搜尋更進一步的資訊。

另外，小規模的實戰也是能幫助我們提升自己的能力，動手做的過程能留下的經驗值是最深刻的，這也是為甚麼資訊從業前輩經常會建議我們要做一個 Side Project 的緣故之一。

怎樣的公司則指的是，我們要找到自己的夥伴，或是找到適合你實踐能力的一份工作，這樣才能夠在未來的工作中，有更多的機會去應對工作上的挑戰。工作環境是技術的真實修練場，也是組團跨級打怪的工會，挑選夥伴的重要性，相信有打電動的各位應該很清楚。

在社群之中，有很多機會可以培養未來的能力，不論是在台下吸收大神們分享的技術精華，或是自己上台將實戰後的經驗與大家分享，這都能幫助我們提升自己未來的競爭力。在社群之中除了可以很容易找到要學習的方向，尋找夥伴或選擇公司的機會則往往隱藏在社群之中。

接下來要說的故事真實的發生在我身上。

當時雖然沒有在積極換工作，但時不時還是會在網路上維護自己的經歷，目的是為了讓自己知道自己曾經經歷過哪些專案、做過哪些事，也藉此順便盤點一下自己的技術線。在某天晚上，LinkedIn 傳來了一則私人訊息，是一名獵頭在尋找有經驗的工程師，內容提及了一些職務訊息，所提的職務內容我一直覺得似曾相識。

原來是前幾天在滑手機的時候，在 STUDY4 的 Facebook 公開社團上看到內容幾乎一模一樣的訊息，更有趣的是，社群這邊所提供的文字資訊還比較豐富，除了工作職掌之外，地點、待遇、福利更是相當詳細。

剛好那天也是社群的線上讀書會，在讀書會結束之後，跟社群朋友聊了一下換工作的事，並述說獵頭私訊的事件，這時剛好有社群朋友認識那個團隊的 Tech Lead，於是就對我說可以幫忙引薦一下，畢竟直接跟需求單位聊聊，看看他們的工作內容是否符合我自己的期待，這樣最為直接。

於是，從台北遠赴新竹和這位社群的朋友了解一下職務，結果一聊就是一整個上午，過程中除了詳細的工作內容之外，還大談了各種技術方向、解決方案、架構想法，就像是參加技術討論會般，各種技術線的應用場景探討，過程中開了不少腦洞。

在了解職務內容之後，即便有朋友推薦，但要拿到這個職務的 Offer 可不是這麼簡單。

聊完之後，這位技術大佬就給了我一份回家作業，這份作業要在一個月內完成，並在下次見面時展示成果。

好奇作業內容嗎？這就是我的回家作業的 Markdown 文件：

```
1.   # 2018 Software Developer 實作考題 (II)
2.
3.   請依照虛擬情境的描述及所要求之技術，達成情境描述的系統。
4.
5.   為了讓每次相同問題，都可以透過 Bot 方式協助幫助客戶處理，降低客服單位工作
     負荷。透過問答方式協助客戶解決問題。故需建置一套客服 Bot，讓使用者可以與
     機器人進行問題排除的交談，讓 Bot 協助用戶解決手邊問題，交談介面務必注重使
     用者體驗，使用者可以用自然語言方式與機器人交談，而非單一字詞或是關鍵字。
6.
7.   ##### 原始需求
8.   1. 用戶可以在瀏覽器上與 Bot 進行交談
9.   2. Bot 服務還必須可以讓 IT 人員輸入資料
10.  3. 手機上也可以使用 (1)(2) 功能
```

```
11.
12.  ## Skill Requirement
13.  ### 環境
14.  - 請將開發之系統，部署至 Microsoft Azure
15.  - 請將程式碼透過 Visual Studio Team Service 進行版控
16.  ### 技術
17.  - Web: 請使用 ASP.Net Core 2.0 進行開發
18.  - Mobile: 若用 Native App 開發尤佳
19.  - Database: MS SQL
20.
21.  ## Acceptance Criteria
22.  ### 成果展示
23.  - 於第二次面試時間的前一週，把自己的 Code 從 VSTS 搬移到 GitHub 的 Repository
24.  - 提供 Azure Web Site URL，以供瀏覽成果
25.  - 請現場 Demo 作品及說明系統架構
26.  - Demo 時，請直接使用 Azure Web Site 成品說明
27.  - 當天顯示 Visual Studio Team Server 版控歷史紀錄
28.  - 請依照 Description，發揮創意、設計解決方案
29.  - 請說出該如何在團隊中導入 DevOps
```

這份作業的內容在 GitHub 上也找的到，而且請放心，如果哪天你遇到同樣一位技術大佬時，他不會給你這上面這樣的回家作業，因為他說他每次出的情境都不一樣，所以就算公開也沒差。

這項回家作業，裡面有八成的內容是沒有出現在前一份工作的，但有九成我都曾經在技術活動中聽過，也差不多有七成曾經在閒暇之餘動手玩過，因此在處理這項作業需求時，到還是有些方向和想法，甚至知道到哪裡去回憶一下當年技術分享會的投影片或影片，溫故知新一下。

至於最後提交這項作業時有沒有達到大佬的要求，我也不知道，但我想應該至少滿足了部分期待，因此在這之後，我展開了一段新的工作旅程。

在這個社會中，人與人之間的關係是非常重要的，在社群中，我們除了有機會找到夥伴，也可以很容易的找到工作。

⭐ 回饋社群

如果你曾經聽過我在社群活動中分享 Bot Framework 了話，現在你知道當時分享的主題是從哪裡來的，當時分享的內容，就是回家作業的一部分，如果回歸到源頭來看，之所以會有那次的分享，正是因為社群而產生的。

如果沒有社群辦的技術分享，我可能接觸不到工作以外的技術知識。如果沒有社群朋友幫忙引薦，我可能也不會有機會開啟另一條工作旅程。不論是技術、知識層面上或是職涯的規劃，很多時候社群的幫助一開始都是無形的，直到花開結果，回過頭思考這一切是怎麼發生的時候，才明白社群的存在是有著很重要的地位。

飲水思源，接收到許多來自社群的幫助之後，心中也是想做些什麼來回饋社群。特別是技術社群，技術的分享是社群的主軸，將在工作或研究技術的過程中所碰到的技術問題或經驗寫成文章，這其實也是一種貢獻社群的方式。還有一種方式是直接站出來講一場，將經驗和研究成果分享給大家，這樣的分享對社群絕對是有正向循環的幫助。

有了這樣的心理建設後，當有人問我是否有興趣分享技術時，我就會毫不猶豫的回答：「我很樂意」。

巴菲特曾經講過一句話，「當有人逼迫你去突破自己，你要感恩他，他是你生命中的貴人，也許你會因此而改變和蛻變」，這句話在初入社群的我感受很深，畢竟沒有前輩們的推坑，我可能也沒有膽量敢站出來分享。當我重新回顧這句話的時候，發現這句話的背後其實是隱藏了一個關鍵，機會。

有時候我們可以主動的去尋找機會，只是大部分的時候，我們都是被動的接受機會，就像是前輩們推坑我上台分享一樣，在眼前的就是機會。

　　如果機會能夠被抓住，那麼就能夠突破自己，如果機會被放過，那麼就會一直停留在原地。社群需要的也是機會，當社群的活動之中充滿機會的時候，社群成員之間的關係就可以更加密切，社群也能夠更加活躍，所謂的技術分享也因此有更開放的發展。

　　「如果能創造出更多這樣的機會，是不是也是一種回饋社群？」有了這樣的思考方向，這個問題油然而生。

　　這個問題的答案是肯定的。當社群中分享的人越來越多，這就代表著社群的生命力更為活耀，如此一來，機會與分享之間的正向循環，能藉由舉辦社群活動而發展得更好。

　　於此同時，在因緣際會之下，我開始接觸到籌備社群活動，縱使這個機會來的非常突然。對，就是當活動總召。

07 經營社群

社群的創立之後，往後的經營是一段持續的過程，需要有人不斷地努力和投入，在社群中引起大家的認同感，進而在這個社群中進行更多交流。因此，一個好的社群必須要擁有積極參與的成員、提供良好的互動和溝通以及有價值的內容。

這一切並不是一蹴可幾的，在建立社群的時候，發起人會先明確定義社群的目標和價值觀，這將有助於確定社群的定位和對象，同時，也能夠確保社群內的內容和活動與目標和價值觀相符，從而增強社群的凝聚力和成員的參與度。

以 STUDY4 來說，在官方網站上就有一段簡短的介紹，在陳述當年創立社群時所設定的價值觀，雖然已經不知道當初是誰寫下這段文字的，估計就是創辦人 Sky Chang 在某天夜裡籌畫官方網站時所寫下的。這段文字的內容確實是我們在經營社群時所一直遵循的原則，因此我們將它放在這裡，讓大家可以參考：

給每個人多一點機會

STUDY4.TW 成立於 2011/9/25，我們希望藉由社群推廣的力量，來讓台下的朋友聽到來自不同縣市的大師講課，也讓台上年輕一輩的技術傳教士能不斷的琢磨並且追上大師。這是一個社群，我們希望透過分享，給偏遠地區、年輕一輩、每一個人，多那麼一點機會。

技術不應該是孤單的

STUDY4.TW 是一個愛好技術的社群，我們有很喜歡搞 DB 的 DBA、喜歡寫前端的前端工程師、愛開發行動裝置的開發人員，無論是甚麼樣的技術，我們都喜歡一起來討論、研究；這個社群並不是孤獨的，我們重視人與人之間的互動經過，我們希望能和您一起來討論。

從零開始的每個人

STUDY4.TW 也有簡單的技術，每個人不可能一開始就學會艱深的技術，我們期許自己，能讓台下的朋友聽得懂，我們有簡單入門的實戰營，也有近代流行的研討會，更有吃吃喝喝的茶會，我們關心每個程度的聽眾，因為每個人都是從零開始。

⭐ 營利與社群

如果以商業的角度來看經營社群，現在已經有許多公司行號懂得在社群平台上經營自己的品牌，聚集品牌的愛好者，更懂得如何發展集客式行銷，運用部落格、製作影片等高價值的內容，透過有效地產出推廣資訊，並推播給平台上的關注者，吸引潛在客戶的目光，利用內容價值來培養他們對這個品牌的信任度，進而獲取延伸的益處。

大多數的時候，商業品牌是將社群平台當作額外的宣傳，甚至只是一種廣告的途徑，但是以技術社群上的使用者來說，真正想要的並不是在平台上獲得品牌的資訊，而是想藉由社群網路來讓有志一同的人能彼此交流並分享相關的內容。這時候如果還是將這個管道當作某種廣告的渠道，那們這樣只是在社群網路上的一種干擾，人們會漸漸不信任這個社群網路，甚至漸行漸遠。

當社群不以營利為目的，那麼社群該怎麼生存下去，畢竟大家都知道，錢不是萬能但沒有錢萬萬不能。的確，很多時候社群的運作需要一些資金來協助，例如舉辦大大小小的活動。大多數的時候，社群的運作都是靠有志一同的夥伴所集結的力量共能實現目標，加上一些願意提供協助的贊助商，提供像是場地或是餐飲甚至執行資金等，讓社群能完成大多數的活動。

也因此這造成了一個問題，當沒有能夠提供協助的贊助商時，社群該怎麼經營下去。

個人認為同樣是技術社群的 twMVC 在這方面做得很好，創辦人有經營以技術教學為主的營利公司，於此同時經營以技術分享為主的非營利社群，藉此形成相輔相成，互利共生的關係。不論是每周的社群聚會，還是不定期的半天或整天的技術分享活動，在相輔相成的搭配下，許多社群可能會遇到的、難解的問題，迎刃而解。如此一來，讓社群能夠經營下去，而且也能夠讓社群的成員能夠獲得更多的幫助。

以 STUDY4 來說，本身也是非營利社群，但沒有固定的贊助夥伴，大多時候是憑藉社群夥伴的力量，以及社群成員的支持，才能夠支持一些日常運作的費用。因此，我們也會不定期的舉辦活動，讓社群夥伴能夠一起來參與，而這些活動的背後，有一部分必須感謝那些願意提供協助的贊助商們。

⭐ 社群只是在辦活動嗎

有些人心中對於技術社群的印象，可能只是一個辦活動的主辦方，除了舉辦活動之外，好像沒有什麼其他功能。

技術社群不僅有在辦活動，而且這只是社群經營的一部分。技術社群主要是為了促進技術交流和分享，讓成員可以相互學習、成長和發展。因

此可以這樣想，技術社群是一種平台之上的抽象概念，凡是能讓有相同技術需求的同好聚集在一起，透過活動或各種社交平台，讓成員可以分享和交流技術知識、經驗和觀點，這才是社群真實的體現。

廣義的來說，社群可能真的都是在辦活動。就像 1980 年代的美國，有一群自稱為「自組電腦俱樂部」（Homebrew Computer Club）的團體，會聚集在某人家中的車庫，展示自己為了特定功能而組合成的各式機器。拉回到現在，社群本質也是一樣，將社群成員聚集在網路上的社團或某個交流平台，讓成員可以分享和交流技術知識、經驗和觀點。只是這裡的活動，不單單只是線下的活動聚會、研討會，而是包括了每一種可以作為交流的方式，無論線上還是線下的聚會。

社群活動可以限縮在一段時間的交流，像是讀書會、研討會或是某周的聚會，這是我們常見且習以為常的社群活動。但對於現在的社群來說，更多的是沒有時間和地域限制的交流，這樣的活動可以發生在 Facebook 上的社團、LINE 的群組聊天、Slack 的頻道、Twitter 的留言串，甚至是 GitHub 的 Issue 討論串之中。因此社群的展現其實已經無所不在，只是我們可能沒有意識到這就是社群活動而已。

⭐ 交流的環境

玩技術的人都很喜歡碰些新東西，即便這項技術還太新，裡面充滿雷區，但掃雷也是一種有趣的過程。像這樣新鮮的技術，如果能在社群中分享出來，不論是用文章或是台上分享的方式，這樣的分享不僅能讓大家更清楚這項新技術的應用場景，以及過程中若遇到問題時，可以用什麼方式去解決，更能讓大家知道這項技術的潛力。

當玩的人越來越多了，大家除了玩之外，在工作上可能也開始用到相關的技術，這時候更有動力去探索這項技術，如果有人還願意再出來分享一段更深刻的技術體驗，將嘔心瀝血的心路歷程暢快分享，這就是對社群最強而有力的回饋。

這樣的過程就是技術社群中最期盼見到的循環，只是這樣的循環不是一蹴而就的，要形成這樣的回饋循環之前，首先要先讓社群本身交流的環境活絡起來，這樣社群更具有吸引力。在經營社群的環境時，我們可以從以下幾個方面來思考。

友好的環境

應該沒有人不喜歡友善的群體，在友好的環境中，更容易讓人們在其中暢所欲言。即便在技術社群中看到技術戰文會掀起大多數人的澎湃圍觀，但大多數的時候，社群上的成員都心平氣和的分享所知。如果社群中的成員相互有支持，又有包容的氛圍，那麼人們就更有信心發表自己的想法，讓整個社群有更豐沛的能量。

有趣的話題

人們都喜歡參與有趣或是有價值的討論，就算不在討論中出聲，在討論串中拉個沙發，追一下激烈的技術探討也是相當有趣的一件事。不論是戰技術、征討小白、或是技術社群的八卦逸聞，雖然這些話題有點像是報章雜誌的聳動事件，不過這樣的事件確實吸引人們目光，當有了目光，討論更容易有熱度，也更容易吸引大家一起來討論。

感覺被聆聽

人們更有可能在感覺被聆聽的情況下發言，如果社群中的成員能夠聆聽他人的想法並回應，那麼更有可能營造出積極參與討論的情境。聆聽就像是在呵護小火苗，讓火苗有機會持續燃燒，哪怕只是按個讚、簡單回一句話，這些回應尤其對於初入社群的人來說非常的重要。

發熱的交流

因為工作或興趣，每天抽出許多時間來製作自己覺得好玩的東西，這些東西可能是一個網站、一個 App、一個小工具，或是一個簡單的小遊戲。如果能夠在社群中分享出來，那麼這些作品就有機會被更多人看到，也能夠得到更多人的回饋，這樣的回饋也是社群期待看見的。

試想一個情境，如果你遇到一個技術難題，你會怎麼做呢？會先去網路上搜尋相關的資料，或是去找一些書籍來學習並從中尋找解方，還是會先去社群中詢問一下？如果你是一個新手，你會選擇哪一種方式。我相信大多數人都有自己一套邏輯去尋找到答案，而當我們在社群中提出了一個問題時，總是希望有人能伸出那隻友善的手來幫助我們。

一個友好的社群環境可以對新手開發者起到非常重要的作用。在這樣的環境中，彼此可以得到其他成員的幫助或指導，從而更快地學習和成長。同時，這樣的環境還可以讓成員之間建立起更好的關係，共同發展和進步。

社群的環境本應以重於人與人之間的互動，鼓勵尊重和包容，以及提供有益的討論和回饋，藉此建立良好的互動和溝通環境。特別是在每次互動的機會中，都要提供一個安全的空間，讓人們能夠在其中發言，這樣的環境才能讓社群更有吸引力。

⭐ 社群的未來

　　社群的面貌將會隨著技術的發展而不斷地變化，從過去我們習慣於實體面對面的交流，順著網際網路的興起，在各大網路社群媒體紮了根，在即時通訊軟體大行其道的時代，各種社群群組聊天室也一一冒出頭來。在未來的社群的形式肯定也將變得更加多樣化，不僅是線上社群、線下社群、社交媒體社群，甚至會出現基於 VR 的社群樣貌，或許現在就已經在成形當中。

　　一直跟著技術在前進的技術社群勢必也同樣變得更加多元化，社群會跟著成員們的需要而不斷地創新和轉型，適應不斷變化的技術和行業環境，保持長期的發展和生存。

　　就如同疫情時期，我們共同創造了新的交流形式，無論是存線上的分享，還是有虛擬化身的方式，甚至單純透過聲音錄製 Podcast 來分享。這些新的交流方式都是社群在適應環境所演變出來的，因此怎麼交流，或是用甚麼工具這些都不是問題，問題是我們是否願意相信即便到了未來，一群人在一起交流和分享的社群本質，不會因為時間的推移而改變。

總召真心話

有一天，Sky 和我説，「為了研究這個問題，K8S（Kubernetes）我裝的次數全公司沒人比得上，而且建置整個 K8S 環境的速度，我已經練到無人能比了。」

我知道他已經連續好幾個夜晚都在忙活這件事情。不知道這算不算是搞資訊的宿命，為了寫一段程式碼或者搞一個解決方案，弄到深夜是家常便飯。也不知道是不是過了午夜 12 點，編譯器建置出的程式不但沒有 bug，執行速度又快、又穩定。

在聊天的過程中，陸陸續續自己挖了幾個分享坑給自己，不僅是平日晚上在 Azure Taiwan 社群的 Meetup 中分享「從零開始的 AKS 生活」，在 .NET Conf Taiwan 2020 又弄了一場「從零開始的 AKS 生活，後篇」，這兩場都是非常寶貴的經驗分享，透過這兩場分享讓剛接觸或尚未接觸的社群成員，能對 K8S 有更深的認識，或著説，少走一點冤枉路。

到底是誰會如此的虐自己，工作忙碌之餘還要研究技術，甚至不辭辛勞的將所得到的經驗寫成一篇篇文章，又不留餘地的四處站台分享。或許這是一種熱情，一種對技術的熱愛，一種見證自己的成長，又或是一種對社群的貢獻。不管是哪一種，我都很佩服他。

社群的力量就是像這樣有許多人自願站出來，一點一滴的累積、經營、擴散，讓我們能夠在這個環境中學習、交流、成長，讓我們能夠成為更好的自己。

社群可能是一個人創立的，但所創立的社群，卻是因為所有人而存在的。

第二部

活動的背後

我是這個時期的見證者兼執行者，倘若一開始沒有接下這個籌備任務，不會預料到執行過程中的細節竟如此緊湊。如何籌備一場活動，甚至注入靈魂，一起來瞧瞧這三年所琢磨出的幕前幕後故事。

08 先有場地才有日期

可能是受到從古至今凡是遇到婚嫁、祭祀、開張、動土等等，人們總要挑個良辰吉日的中華文化影響，我以為辦活動第一個要確定的事情，應該就是顯而易見的選日期吧。算命仙不是都說，出生的時間對了，你也可以是皇帝命。選對時間，事情就能水到渠成，事事順利嗎？代誌絕對不是憨人所想的那麼簡單。

想想看，日期和場地哪個和活動有比較嚴重的相依性。

假如先決定好了活動日期，後續在設想活動類型、活動規模、參與人數，以及預估活動成本的時候，會發現這些籌備事項跟要舉辦的日期相依性蠻低的，甚至根本毫無牽扯。反而這些事卻直接和場地有著牽扯不完的關聯，不同的規模需要不同的場地性質，不同的參與人數需要不同的空間大小，場地成本總是佔據總預算最大的那一部分，當然活動類型也將直接影響場地的選擇。

難怪 .NET Conf 的前任總召 Duran 每年在籌備會議的時候，總會語重心長的說：「我的經驗是場地要先找到，後面才有辦法繼續。」這句話背後一定還有著更多為人不知的故事。

在經歷過三年的籌備工作之後，深深的覺得前任的這句話太重要了，如同人要活下去需要陽光、空氣、水，社群活動則先要有場地。

8.1 活動類型

社群活動基本上可以分三種：聚會、講座、研討會，這三種活動類型不論是場地空間、設備需求、飲食標準、相關費用，各自所需要的資源等級都不同。先了解需要籌備怎樣的活動類型，才能有方向的去找適合的場地。

⭐ 聚會

這種活動大多以交流為主，許多小型的活動都會以這種形式呈現，可以是相約在固定時段在固定咖啡廳做交流，相聚在一起聊聊天，過程中可能會有技術的深度探討、職場上的爾虞我詐、生活的互吐苦水，真的是從外太空聊到內子宮。這樣的聚會也可以是在某日晚上安排一場 meetup，以一至兩場的技術內容做分享，搭配輕食和交流空間，讓社群的彼此能互相交流。活動時間大多在 2 到 3 小時左右就會結束，因此是一種簡單且輕鬆的交流機會。

通常這類型的活動人數規模會落在 30 人以下，這類型所需要的場地會像是訓練機構的教室，或是會議室空間皆可。許多對社群友好，且非上班時段有閒置會議室空間的公司，贊助場地是相當常見的。

如果沒有場地贊助商也沒關係，台北地區其實也蠻多適合的空間可以挑選，像是工程師的老朋友，天瓏書局，也有提供 CodingSpace 讓非營利組織只要付一點點費用，就可以舉辦 40 人以下的活動，或者你也可以透過小樹屋、Pickone、CLBC 這種線上找場地的平台，來尋覓適合的空間。

總召小筆記

筆者 2017 年時，曾經在這類型的交流中遇過在台遠端工作的外國人，那是一場辦在資策會數位教育研究所會議室的 Angular Meetup，開場簡單自我介紹後，由活動發起者分享了 Angular 發展動態，然後就開始大聊天了，讓我印象最深刻的其實不是分享的主要內容。第一個令我印象深刻的是，那名外國遠端工作者是在幫農夫寫行動裝置的 App，而農夫手機普遍不會用太好，畢竟要風吹日曬的，時不時還可能掉入泥坑，因此要如何開發出適合低階行動裝置的 App，對於運算資源的掌控就很重要。另一件事是另一個外國遠端工作者跟我分享他最近在玩的一種程式語言 Elixir，如果你單純去 Google 這個字，這個名稱會讓你找到很多保養品。這個程式語言誕生於 2013 年，在當時可說是個相當年輕的程式語言，這個語言沒有類別、沒有物件、沒有實體方法、沒有類別方法，只有平鋪直敘的函數（Function）。那場聚會也是我第一次聽到 Functional programming 這種開發方法。

⭐ 講座

　　這類型的活動會有更多的主題分享，視情況可能會有三至五場議程，更多的議程內容隨之可以預見的是會有更多感興趣的人來報名參加，這類型的活動則需要更大的活動空間。通常來說這樣的活動規模會在 50 到 100 人左右，活動時間大多會設定成半天或一個整天來進行。

這已經是屬於中型活動了，需要不少的規劃與安排。在活動場地上的設備需求會更為要求，例如投影設備的運作、每個座位是否能清楚看到簡報者的內容，空間的寬敞度是否能提供順暢的報到動線，甚至是否有足夠的空間可以進行學員的交流。

能符合這樣的空間需求大多以教室或是大型會議室的空間為主，因此學校與商用會議中心較能提供這樣的活動空間。

一般來說，學校有各種類型的教室型態，從傳統的教室到能容納上百人的階梯教室，其中階梯教室會是最優的選擇，階梯教室面積大容納人數也多，最大的特點在於其地板是階梯狀逐漸升高，因此離講台越遠地面越高，從而座椅也跟著越高，如此一來，即使是遠離講台、座位靠後的學員也能夠清楚地看見投影內容和在講台上演說的講者，不會被前排學生擋住視線。

商用會議中心也有這類型的教室空間，和學校的空間相比，商用會議中心的室內空間通常會更顯高級，而且所提供的投影、影音設備等級也會較高，在簡報的呈現效果就會更清楚，不過這些都會直接反應在租用成本上，要細細斟酌。

不論是學校還是商用會議中心，兩者的空間都蠻寬敞的，除了讓活動的議程主軸能充份的表現外，交流的空間也可以往教室外移動，讓大家在議程中間的空檔，能彼此認識、互相聊天。

⭐ 研討會

這就屬於大型活動了，場地的安排就需要更準確的設計。

大型活動會呈現很多內容，包含每個場次的議程，議程本身還可能會多場次的同時進行。當同個時間段只有一場議程時，我們將之稱為單軌議程，若同時有多場議程同時進行，則稱為多軌議程。在多軌議程的規劃

下，還必須考慮是否要統一時間段，就像在學校上課，將每堂課的時間都設定成 50 分鐘然後休息 10 分鐘，然後依照這樣的安排接續下去。這種做法能使每一場議程都能在同個的時間點結束，讓每學員有足夠的時間轉換教室，參加預期的議程。

當然也有個議程時間段是不同的，可能一場活動中，有 20 分鐘、30 分鐘、50 分鐘，甚至 70 分鐘的議程時間段，這種設計方式適合有多種不同程度的議程，例如焦點型的議程只需要 20 分鐘，概念型的議程則可以搭配 50 分鐘，而需要動手做的議程就可以安排在 70 分鐘的時間段。

有多種時間段能更彈性根據講師的需求來安排議程時間，讓講師充分展示內容，但這樣的安排對於活動規劃來說，相當具有挑戰。每堂議程的時間無法切齊，除了容易造成空堂時間，對於學員來說要轉換教室、切換議程，將變得難以規劃，可能因此而錯失自己想要聽的議程內容，產生衝堂問題。

因此多種時間段的作法，通常只會出現在超級大型的研討會，這種研討會的參與人數通常超過千人。這種研討會筆者還沒規劃過，不清楚過程中有什麼有趣的雷，只能期盼有朝一日有了經驗後，再來跟各位分享。

除了議程會影響空間需求，其他的空間需求還有大會服務處、講師休息室、贊助攤位、場邊活動、飲食空間等。這些需求除了空間的要求之外，還有各種位置及動線安排，例如報到位置、如何跑教室、逛攤位最佳路線、領餐點怎樣不會塞車等。這些都很考驗空間的規劃，如果沒有足夠的場地腹地，很容易變成災難。

看了三種活動類型，不難發現活動類型和場地型態息息相關。回到最一開始的問題，如果我們先訂下活動日期，再去找場地難道不行嗎？當然還是可以，不過這樣的順序，會讓後續的發展受到很多限制。

8.2 場地形式

在上一節我們分出了社群活動的三種類型，也稍微講到了活動場地的需求，在場地規劃前，應當先對場地有哪些形式有點概念，如此一來在規劃活動時，才能根據需求去尋找適合的場地供應夥伴，讓活動的進行的順暢。

而且經費有限的情況下，要尋覓適合的場地其實相當困難，以舉辦中、大型的活動來說，目標參與人數設定在 100 至 600 這個區間，要能容納這個數量的人群，基本上剩下的選擇並不多，大概只有學校、廣場、商業空間，三種選擇。但就中小型的活動來說，選擇就相當多元，有時候甚至可以說，只要該空間有桌子、椅子、投影機就可以進行社群活動。

⭐ 會議空間

所謂的會議空間其實可以定義的相當廣泛，在現實場景中，只要能同時容納多人，就可以是會議空間，無論人多或少，是否有桌椅、設備。一般認知的會議空間通常指的是公司開會的地方，但在現實世界的場景中，這個空間可以是辦公室的會議室、飯店的會議廳，甚至是提供餐飲的咖啡廳包廂，這些都可以算是會議空間。

STUDY4 社群創立之初，就經常在咖啡廳內進行技術交流和分享，而要進行小型社群活動的時候，咖啡廳便顯得吵雜不適合做為分享的場地，進而轉向學校或是公司辦公室來尋覓場地。

或許你會有公司內部教育訓練的經驗，下班之後這些公司內用來做教育訓練的會議室經常會變成閒置空間，有些對外比較開放的公司，會提供會議室供社群做分享使用，例如 LINE 台灣不僅自己會舉辦社群活動，也歡迎技術社群來去 LINE 台灣辦公室舉辦社群聚會，與社群夥伴交流。Microsoft

台灣也有相同的規劃，使用辦公室內的訓練教室來舉辦各種活動，和社群一同推廣技術。

這類型的空間都對於沒有太多經費租用場地的社群相當友善，但是要找到願意贊助場地的公司並不容易，不過多跑幾次社群的小型分享活動，蠻多機會可以接觸到相關人士，請他們幫忙處理。

⭐ 教育機構

坊間有許多教育機構，會有各種訓練教室，例如適合上課的教室型座位，或是適合上機實作的電腦教室，這種空間也適合用來舉辦小型分享活動。有些訓練教室的座位甚至可以彈性排列，依照活動過程中要怎樣和學員交流的方式來做安排，例如單純講座的劇場型，著重交流與討論的分組型，或是適合工作坊的教室型排列，端看主辦方如何調配。

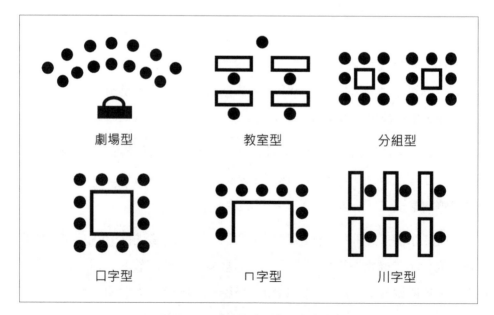

圖 8-1　常見的場地座位規畫

　　絕大多數的空間都有這樣的座位規劃彈性，讓活動主辦方能根據需求做調整。在教育機構中，基本上就預設有這樣的配置，不像大多數的商業空間需要花額外的人力，搬運桌椅來擺設空間。大專院校的教室也屬於這類型的場地，所以像是這種教育機構的場地都很適合用於分享知識內容的活動，畢竟場地的本身就是以教育為主要用途。

　　大專院校的場地有個優勢，就是通常腹地都像當足夠，如果是要舉辦大型的研討會活動，足夠的腹地是非常重要的。

　　在安排報到處時，首要之務是要讓學員容易找到位置，以及引導報到人員到指定處檢票、領取報到包。大專院校的場地出入口往往不只一個，甚至會有多方向的通道，因此在規劃報到處時，除了要注意擺放的位置，還要針對多方向進來的學員提供標示，可以放置人形立牌或是貼指示箭頭的方式來處理。不過如果要張貼指示時，要記得和場地提供方確認處理方式，如果粘貼的方式不容易清除的話，很容易被抗議的。

　　在活動進場的報到處完成之後，原本報到處通常就會轉變成大會服務處的位置，一來方便集中大會要發放的活動宣傳物，二來對於晚報到的學員來說，也可在同一的地點進行報到，避免活動工作人員的任務複雜度。

　　腹地也會直接影響到攤位的設置方式，一般來說會希望攤位集中，形成攤位聚落，讓活動氣氛變得熱鬧。有足夠的腹地除了能提供寬敞的動線，讓學員流暢的逛攤位，也是增加場邊活動熱絡的關鍵之一。

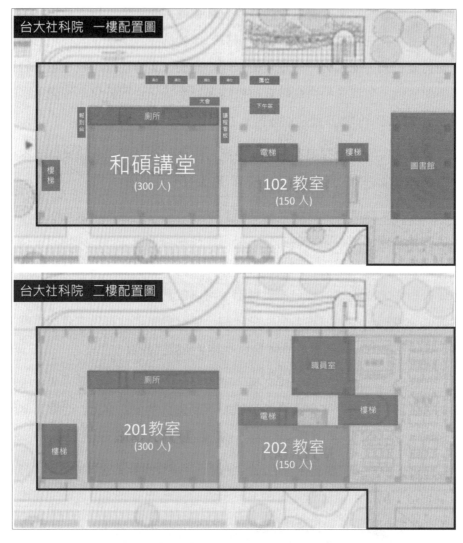

圖 8-2　大專院校的活動空間配置（以台灣大學社會科學院為例）

　　不過在安排攤位時也要注意場地環境，以圖 8-2 在台灣大學社會科學院舉辦的 .NET Conf 2020 場地配置，攤位設定的位置看似很不錯，暨集中又有良好的動線可以逐一閒逛。但當時的活動日期剛好是在東北季風旺盛的

時候，造成在攤位的後背看板一直被風吹翻，因此臨時改到對面走道，解決危機。

　　關於大專院線的場地，有一點要特別說明，由於這是教育性質的場地，因此對於過度的政治和商業活動是被禁止的，除非是學校首肯，否則不要在學校進行像是買賣的商業行為。

總召小筆記

在場地的選擇上，我個人最偏好選擇大專院校的教室作為活動場地，不僅是因為經濟實惠，場地本身的性質就是以教育為主要用途，很多配置都是符合社群分享知識的需求，自然容易水到渠成。

雖然普遍來說學校的設備都長年不會更新，有些甚至是相當老舊，像是投影機可能還在使用 VGA 而不是 HDMI，投影效果理所當然的大打折扣，甚至要特別幫講師準備轉接頭，但是基於場地的性質以及租用成本，依然是可以接受的。而且幾乎每天使用的教授們都沒抱怨了，作為短暫使用的過客，也不好多說甚麼了，是吧。

🌟 廣場

　　在廣場上辦活動，這是我夢想中的場地形式。你曾經看過技術研討會辦在廣場的嗎？辦在郵輪上的還有看過，辦在廣場上的活動，在台灣還真的沒見過。在國外你可能有看過類似的作法，搜尋每年 Google I/O 的活動，

那種把技術發表會（或者產品發表會）當成演唱會辦的效果，感覺真的好玩，不過背後要有龐大的金主，才有可能實現。

曾經為此，我調查過台北適合這樣辦活動的場地，位於圓山的花博園區就有一個適合的場地，花博舞蝶館。

這是一個半開放式大型表演場所，上方有大型遮棚，即便天氣不佳依然可以照常舉行，館內還有 2 間休息室可以用來做講師休息室及大會準備室。若以非營利組織來承租場地，租金還有很不錯的折扣。將活動辦在擁有 1201 個座位的舞蝶館，就算只用了 5 成的座位，畫面依然壯觀。但是投影、音響設備就要自己另外處理，這就勞師動眾了。

⭐ 商業空間

商務會議中心所提供的大型會議室，也是許多大型技術年會選用的場地形式。這類型的空間通常會安排在交通方便的位置，其環境品質也是打理得相當乾淨且很有質感，基本的活動空間寬敞舒適，也會有安排交流空間。這種場地本身就是為了活動而設計，基本的配套都有事先安排好。

商業空間在交付給活動主辦方的時候，場地空間原則上是空蕩蕩，活動議程的會議室也是如此，不過場地方可依照主辦方的需求來調配、設置桌椅，看是要安排成劇場型、教室型都可以。不過因為每次進駐都是從空白的空間開始，所以基本上會需要在活動前一天晚上就進場進行場佈，而且除了桌椅問題，電源、網路、錄影設備的配置都要提前規劃，另外攤位的擺放方式、是否佈線供電，這些也都是規劃時要注意的。

因此租用商業空間時，在場地規劃上需要花很多心力，所以這種場地如果有專業的廠商來協助，事情才能比較順利的進行。

總召小筆記

在 2019 年和 2020 年的 .NET Conf 技術年會，我曾經在大專院校的場地嘗試復刻專業的錄影、聯播和直播。租借了專業錄影器材紀錄講師分享的每一個瞬間，嘗試在 Keynote 的時候採用聯播的方式，串聯多間教室來呈現內容，甚至一度想直接將 Keynote 直播到 Facebook 和 YouTube 平台。這些在沙盤推演的時候，都進行得很順利，想著社群能用土炮的設備來完成這些事，那一定很有成就。但事實是，攝影機所拍攝的影像品質不如預期，而且沒有考慮到投影布幕錄影的效果，以及雜亂的環境音造成錄音品質不佳，整體成果只能說是堪用。另外要將多間教室串聯起來，透過聯播的方式將 Keynote 的內容即時在多間教室播放，這更是狀況百出，網路、收音、轉場各種問題。聯播進行的不順利，自然當下立馬決定，放棄做直播。

在 2021 年的 .NET Conf 技術年會，我們租用充滿文化創意氣息的台北文創來舉辦活動，即使當時疫情相對穩定，但對於防疫仍然不容輕待，商業空間對於落實防疫打造安心的活動環境也有共識。在會場出入口除了架設紅外線體溫監測儀、備置酒精消毒自動感應機，還設置了通道式的紫外線抑菌艙。在場地空間定期全面消毒、電梯按鍵貼膜之外，還安排了移動式機器人，每周定期在各樓層公區進行噴灑由純水做成的超鹼「電解鉀離子水」殺菌消毒，並在所到之處都進行紫外線照射。能做到這種防疫等級，更彰顯出商業空間的服務價值。

⭐ 虛擬空間

在過去籌辦活動的時候，常見的難題總是要在哪裡舉辦活動，畢竟沒有場地就沒有空間迎接每位求知若渴的學員，基本上在 2020 年以前，沒有場地就等於沒有活動。那在 2020 年以後呢？

自從經過 COVID-19 的疫情洗禮之後，許多活動的籌辦方都經歷過使用線上服務來進行活動。不論是使用線上會議工具，還是透過新興的 Gather Town 服務，這些都沒有所謂的場地問題和實體空間的限制，自然這個難題就像用了金手指一樣，直接破關。

不過虛擬空間雖然沒有實體空間上的限制，甚至沒有要容納多少人的限制，但對於學員使用該工具的熟悉度可是非常要求，這些工具的使用方式，畢竟不像我們身體一樣，打從娘胎出生就開始學習如何使用。因此效果很好甚至貼近現實反應的虛擬空間工具，往往就比較要求操作的熟習度，這也造成了學員的困惱。因此在大家完全適應所謂的元宇宙之前，選用虛擬空間的工具時，目前為止還是以線上會議的視訊工具為主，會比較友善些。

8.3 最大的成本

一場活動最大的成本其實不是人員開銷，而是場地費用，所以一般來說，社群在舉辦常態型的活動時，場地的成本是關鍵因素。如果能有贊助商能協助場地的租用，這絕對是天降洪福，活動基本上已經妥當了。不過若是舉辦大型的年會，就算有招到贊助商來幫忙，要用贊助金來支付全部的場地費也是相當困難的，畢竟場地越大費用相對越高，而且不同的場地

等級也有不同的價格，該怎麼衡量場地的選擇，才能達到成本與價值之間的平衡，這是主辦活動的核心課題。

場地成本一直以來都是活動最重大的開支，特別是因應特殊狀況所挑選的場地，像是在疫情的夾擊下，場地的選擇有限，必須選擇相對安全的空間來進行活動。

場地費用通常在活動定調之後，基本上是不會變動的，預計會有多少人來參加，就必須預定能容納多少人的場地。當然在場地方允許的時限範圍內，還是有機會視報名狀況或時空背景的因素做場地的異動。但在時限之後，場地費用不會因為報名人數未達場地可容納人數而變得便宜一些，這項費用可不像便當、紀念品那樣可以根據人數精確的掌握所需數量及需要花費的金額。

正因為場地佔了成本的大宗，因此會直接影響到活動票價，這是一個非常現實的問題。在籌備活動的過程中，我們也一直在思考如何提供舒適的價格給學員，或者說提供給學員更高 CP 值，讓有興趣的人，都可以輕鬆來參加。

以技術年會來說，所需要的場地至少要能容納上百人的規模，而 CP 值較高的選擇非大專院校莫屬。學術環境的氣息適合知識分享的活動，廣大的腹地除了讓學員順暢的移動，還能規畫一些攤位或安排場邊活動，至於教室的形式更可以直接符合活動需求，不用額外的人力調整配置。具備了以上優點，再來看所需要的租用成本，你會發現，大專院校絕對是最佳選擇。

不過要租用大專院校還是有個先天限制，學校優先。

在籌備大型活動時，場地要在 3 至 5 個月前就先約定好，越晚確認越容易找不到適合的場地。在聯絡大專院校的場地租用窗口前，你要先有個認知，學校是需要安排自己的課程、會議、校內活動等，這些活動可能會和你的活動檔期有衝突，因此必須先等學校安排好之後，才輪到校外人士來租用。

總召小筆記

在籌備 2019 年的 .NET Conf 活動場地時，我一開始就鎖定了台灣大學社會科學院。之所以這麼說，是因為我曾經在 2017 年時，和 Angular Taiwan 社群於 COSCUP 舉辦 Angular Workshop，當時的場地就辦在台大社科院，當時 COSCUP 幾乎租下了整棟教室，其熱鬧地場景深深吸引了我的目光。因此在接下總召職務之後沒多久，我們就向學校詢問同年 11 月的教室檔期，但那時候正因為學校還在規劃校內的活動，要我們稍晚再去電詢問。

當時距離預計活動日剩下不到 3 個月，對於初次籌備活動的我來說其實相當緊張，所以再等待的空檔，也趕緊去尋找其他適合的大專院校場地檔期，或是商用會議中心。幸運的是隔沒多久就接到院方的來電，讓我們足以在不影響活動規劃的時程下，確認舉辦活動的場地。

因此，如果要租用大專院校的場地時，除了致電或上學校的場地租用系統查看檔期，要特別注意開學前後一個月，是學校安排校內活動的時段，要讓校方先完成安排後，再來看看有沒有適合的活動檔期。

商業空間則沒有這樣的問題，商業空間在付得起賬單的人面前，是人人平等的，只要有檔期價格能接受，你就可以和場地方預定場地檔期。

或許你會想問，商業空間的價格為什麼會如此高昂。除了因為環境及服務的品質外，有一個很重要的原因，商業空間能在每一次的活動進行之前，都能以白紙的方式呈現給你，讓你隨心所欲的在上面作畫，描繪出你想像中的活動樣貌。

總召小筆記

在 2020 的 .NET Conf 活動中，首次加入了 Enterprise Day 和 Hand-on Labs 議程，讓學員上午能汲取來自企業的經驗分享，下午時段能在實際動手做的過程中獲得實戰經驗。那天的活動有個特殊需求，在相同的空間，上午和下午所需要的空間規劃完全不同，上午的議程分享需要大場地的劇院型座位，下午則需要將空間拆分成多間教室，改成教室型的桌椅配置，讓學員能使用自己的電腦設備來上機實作。像這樣需要即時改變場地配置的需求，只有商業空間能做出快速反應，還不需要找額外的人力來處理桌椅的異動。

商業空間除了商用會議中心外，租用飯店的宴會廳來舉辦活動也是一種方式。使用飯店的會議廳來辦活動，我們比較常聽到的婚宴會使用這類型的商業空間，但也有些高層主管的共識營或是訓練，會租用這樣的場地來舉辦。根據友社曾經在礁溪老爺舉辦社群活動經驗，這類型的場地租賃費用通常會比商用會議中心低，不過除了場地成本外，可能會有一些費用是用在交通、住宿，以及飯店的高級下午茶。

當時友社會挑選礁溪老爺酒店作為活動場地，主要動機是希望大家能多做討論，以交流作為主軸，因此計畫將學員們關在一個封閉空間，讓人們自然進行溝通討論。當然實際上是無法真正的把人關在一個封閉空間，但是可以刻意持續地將大家聚集在一個地方，甚至是一個可以過夜的場域。為了增加讓彼此交流的機會，非台北市的場所會是首選，除了符合封閉的聚集條件，讓彼此有更多的交流機會，同時也能讓這場活動成為能提供休閒度假、交流成長的聚會。熱血學習充實自己，享受交流體驗生活。

圖 8-3　在窗外有綠蔭，隨處可討論的飯店舉辦活動（Angular Taiwan 2019）

8.4 平日與假日

與場地檔期息息相關的就是哪個時段，在確定活動場地的同時也是要決定場地檔期的時候，一來不同檔期的場地價格不同，二來不同的檔期所面對的潛在學員也不一樣。一般來說平日的場地費用都比較便宜，假日價格會比較高，白天晚間也有不一樣的收費。

時段的不同有不同的價格，這點很容易理解，那所面對的潛在學員不同，這又是為什麼呢？這取決於人性與公司的態度。

站在籌備社群活動的角色來看，若你去仔細觀察各項社群活動，會發現大部分由社群獨自舉辦的活動，都是在晚間或是周末舉辦。原因很簡單，這些活動的籌備與工作人員，自身都有另一份正職工作，周間白天的時候要處理工作上的事務，自然不會把活動安排在平日，而是安排在假日。

雖然將活動安排在假日比較不會影響到工作，但社群活動往往是會和家庭生活互相搶佔時間，對於大部分的資深學員來說，家庭生活和工作是必須取得平衡的。我們一天的時間就這麼多，平日已經把時間花在工作上，假日該把時間留給自己，留給自己的這段時間還要分配給社群，這時間的安排絕對需要好好拿捏得。錢再賺就有，而時間卻是一項無法被逆轉的資源，家庭時光正是屬於後者。這也是為什麼非營利的社群要舉辦活動並不容易，除了熱血，還需要一點犧牲。

對於學員來說，如果是屬於一人飽全家飽、年輕又單身的學員，假日的活動接受度會比較高，因為比較不會受到家庭生活的羈絆，時間相對容易安排，參加社群活動就像是參加大學社團一樣，好玩又能學習到新東西。這不表示安排在假日的社群活動就沒有家庭人士來參加，而是這類型的學員會更詳細的思考活動主題是有對自己有幫助，究竟有沒有參加的效益。

以公司的立場來看，補助職員參加假日的社群活動基本上效益滿高的，通常社群舉辦的活動票價不高，還能鼓勵職員利用自己的時間充實技術能力，返回職場的時候，能發揮精進後的技能，對公司來說相當划算。

		平日	假日
社群	誘因	✓ 吸引企業學員來參加活動 ✓ 學員下班後可直接前往活動	✓ 可以安排完整的全日活動 ✓ 容易集結社群人力
	抗性	✗ 社群也是人，人上班也會累	✗ 假日場地費用較高
學員	誘因	✓ 於上班時間增進自身技能 ✓ 無需占用私人時間	✓ 不影響工作時間 ✓ 能彈性安排時間
	抗性	✗ 需要自行請假參加活動	✗ 占用私人時間
公司	誘因	✓ 容易建立企業間的商業活動 ✓ 深耕與企業夥伴的關係	✓ 不會占用職員工作日的時間 ✓ 拓展企業在社群的名聲
	抗性	✗ 工作與活動時間的分配	✗ 需要額外交通、住宿補助

表 8-1　平日和假日活動對於不同群體的誘因與抗性

社群若要安排平日活動，大多會挑選晚上的時段，一方面不影響自身的工作排程，二方面在下班後參加社群活動，和社群朋友互相交流、聊天、講幹話，其實是蠻紓壓的。

但若要安排在平日白天時段，執行難度瞬間會提升不少。社群成員基本上每個人都有各自的工作要處理，很難做到集體向公司請假來處理社群活動。在坊間看到社群辦在平日的活動，絕大多數是和行銷公司合作，委請行銷公司安排整體的活動，並安排人力來支援活動進行。

總召小筆記

在 2020 年的 .NET Conf 為了接觸更多潛在企業的學員，發展出 Enterprise Day 的活動主軸，除了安排以企業高層為導向的議程內容，也安排動手做的實戰課程讓職員培養即戰力。在活動的執行上，有請舉辦活動經驗相當豐富的 iThome 作為協辦單位，讓整個活動更加有聲有色。專業的行銷團隊不僅能協助處理場地、佈置、報到、掌握活動進行等狀況，還能緩解社群人力，更可以讓社群集中注意力在次日的 Community Day 社群議程，讓三天的活動都能提供足夠的精彩內容給報名的學員。

　　訂定活動日期時，有一個很難解耦合的相依性，場地，因此活動日期基本上是隨著場地而被決定。在過程中要評估活動類型，所需要的場地形式，面對活動最大的成本該如何拿捏，甚至要安排在平日和假日都有不同的考量。

　　一場活動的孕育，這時候才只是開始。

09 一起來辦活動

平常的 Meetup 或單日單軌的活動要完全由社群核心成員撐起，難度還不算太高，當要舉辦大型的技術年會時，只單靠社群的力量，實在是捉襟見肘。籌備和執行大型活動時，若要辦的精采，所需要的資源可不僅僅是錢和人就好，有時候還需要一些口袋名單和關係，才有機會拓展更多可能性。

原本的我對所謂的主辦單位、協辦單位這兩個名詞，其實沒什麼感覺，大概就只是誰出錢出力比較多，按照貢獻值得順序排列，就這樣。然而，在實際籌備這三年的 .NET Conf 活動之後，對於所謂的誰是主辦單位、誰是協辦單位，這兩個經常出現在宣傳品上的名詞，有了更深刻的領悟。

9.1 分而治之

人多口雜，如果沒有一個領頭羊，事情就很難收攏到一個目標上。就像總召這個抬頭一樣，很多事情在經過廣泛的討論之後，還是會回到總召身上，對問題做決定，對事情下結論，對結果負責。當整個活動層級變的更大一些的時候，可以透過分組的方式來將活動的籌備事項細分，就像 Divide and Conquer 演算法，把複雜的問題分成兩個或更多的子問題，各自求解，再將各個答案做合併。

　　由各組的負責人帶開去完成任務，這相較於把所有細節問題回歸到總召來做決定，反應速度絕對會更加迅速，而且把事情都集中到一個人身上，那麼事情肯定是做不完。

　　在活動分組上，基本上粗略可以分成五組：

1.　**活動組**：對整體活動進行方向的規劃、定調活動主視覺，和其他合作單位的協調

2.　**場務組**：租借場地與場地規劃、各項器材租借事宜

3.　**議程組**：確認活動講師、追講師的議程題目、安排議程時程表

4.　**票務組**：整理報到包、管理售票平台、處理發票及退款事宜

5.　**機動組**：隨時調派人手支援，支援項目從教室協助講師換麥克風電池到處理垃圾

　　在籌備初期，如果能將各組的責任義務分配好，可以讓籌備活動的每個人更明確的知道活動該怎麼進行，對於總召來說，事情也可以比較有條理的進行。

　　不過就像前面說的，總召要對問題做決定，對事情下結論，對結果負責，因此如果有哪個環節出現問題，總召還是要趕緊跳下去幫忙，別讓事情空轉或卡在那裡導致問題越來越大，最終影響到活動進行。

9.2　主辦和協辦的定位

　　在籌辦大型活動的時候，通常不會只有一個主辦單位，大多時候會與其他合作單位來共同舉辦，透過和各個單位的合作，可以讓活動中的各項事務交由更適合、更專業的合作單位處理。

實際上，活動的籌備過程中可以根據執行的需要將籌備單位分成指導、主辦、承辦、合辦、協辦單位，這五種單位的關係。上網查一下相關的定義，可以發現他們彼此是有明確劃分活動的權責範圍，以及要負責、支援的事務：

1.　**指導單位**：對整體活動之規劃進行給予專業指導及行政支援。

2.　**主辦單位**：綜理活動之策劃與進行，協調解決相關機關團體活動運作所可能衍生的問題，並為該活動進行時對外代表單位。

3.　**承辦單位**：主辦單位得因活動性質及人力考量，遴選相關機關團體承辦之，以達分工合作之效。

4.　**合辦單位**：主辦單位得因業務之需要，邀集業務相關之機關團體合作，以擴大活動層面增強活動效果。

5.　**協辦單位**：主辦單位為使活動順利進行，基於人力、財力、場所等考量，得邀集相關機關團體協辦。

　　關於定義的細節以及為甚麼會這樣分配，這裡就不多做探究。對我來說這些只是定義，在我所面對的真實情況下，如果單用定義去界定合作的單位的關係，很容易碰到合作夥伴同時符合指導單位又符合合辦單位，可能還可以當作協辦單位的情況。

　　因此基本上，我會把這些對象都統一稱作合作單位，差別只有在深淺不一的合作關係之中，最後根據合作的關係與需求來做出這些定義上的標註。

　　在真實地舉辦活動經驗中，我認為合作單位只需要分成三種類型：出錢、出力、出錢又出力。

🔘 出錢

粗俗且不諱言地說，錢對於活動來說絕對是必須品。

一場活動之中，從看的到的地方到看不到的地方，要花錢的地方太多了，雖然社群活動無法像賽車運動一樣採用 Money First 的理念，但有錢真的會讓事情更容易進展。

舉例來說，為了讓活動的各場議程有品質優良的記錄，我們從租借攝影機來拍攝，到購買截錄設備，到後來請專業的直播團隊來幫忙錄製內容。這一路來，從一開始的花小錢來處理，錄製過程中的辛苦和後續的影像處理的痛苦，快把自己搞崩潰，最終獲得的成果真的只能說是差強人意。最後請專業團隊來處理，雖然多花了點錢，獲得的品質真的是比想像中的還要優秀，在此感謝成功國際攝影提供社群優惠的專業服務，讓活動品質無可挑剔。

上面只是舉一個活動過程中花錢的小例子，還有許多需要花錢的地方，像是最花錢的場地費用，如果有合作單位願意幫忙處理場地費用，那麼與這位佛心來的合作單位共同分享活動的成果，自然是必須的。

不過這不代表拿得出錢的就是大爺，很多時候是要考量合作對象的。對此我們也經過好幾次的討論，對於合作單位的性質、是否有互助的關係、彼此的合作能否帶來更好的效應，甚至對方的名聲如何，這都是需要被考量的。

🔘 出力

老子沒錢，命倒是有很多條。執行活動也需要很多像這樣勞動力。

仔細觀察每場活動，尤其是大型年會，你會在現場看到很多工作人員，而且你所看到的，真的只是其中一部分。在每一場議程中，教室中除了要安排小幫手，幫忙處理每間教室的突發狀況，還有做每一場次的議程開場，在疫情時期還要幫進教室的學員噴酒精消毒，更換講師的麥克風套，這些都需要人力。

在教室外，還有許多機動人力要處理報到事宜、整理場邊食物、處理攤位問題、搬便當、收垃圾，要做的事太多太多，更別說活動還有線上直播的安排，線上的學員問題、突發狀況的排除，也都要安排人力，隨時待命。

正所謂人多好辦事，有合作單位能夠派出如此充沛的勞動力，這也是佛心來的，要知道人力資源也是活動的必須品，如果要花錢請人來當工作人員，那費用也是相當可觀的。如果有一天活動能夠透過機械自動化生產，或許就不需要這麼多人力資源了。

同樣的，不是說合作單位人多就好，也是要考慮合作單位所派出的人力性質。舉例來說，像 .NET Conf 這種技術知識分享類型的活動，如果派來的人力是有相同的興趣和喜好，那麼對於活動執行的過程中，不僅會因為有認同感，而做出更盡心盡力的支援，同時對工作人員本身也會獲得相當程度的經歷。這種彼此互利共生的合作關係，是這類型的優選對象。這裡要特別感謝 Build School 資訊教育學校，由於本身就在做軟體開發及技術訓練的培訓課程，推派出來的人力自然就相當貼近 .NET Conf 技術年會。

⭐ 出錢又出力

能夠綜合上面兩種合作關係的夥伴真的相當稀缺，活動能有這樣的合作夥伴來幫忙，這絕對是相當珍貴的緣分。雖然說遇見這樣的夥伴真的機會不多，不過以我們所籌備的 .NET Conf 技術年會來說，出現這種合作夥伴

機率則稍微大一些。對 .NET 相關技術稍微了解的朋友們來說，應該不難猜出 .NET Conf 技術年會背後的巨人肩膀會由誰來擔當，有微軟來當靠山，辦起活動總是會相當順利。

但是即便這項技術的背後是有大企業支持，但這不代表背後的巨人就會願意出錢又出力。一般來說，為了自家的技術推廣，在推廣相關的技術活動時，向這些關係企業尋求幫忙、協助，要得到一些贊助是相對容易，這些贊助能讓你在籌備活動的時候，稍微減緩一些壓力。但是要讓他們願意投資時間和資源跟你組織活動，甚至還把手弄髒一起撩落去做些粗底活，除非你夠帥，或者有異於常人的長處，再不然就是上輩子燒了好香，這輩子交到難能可貴的好朋友。

我肯定是上輩子燒了好香。

或許有人會說，會願意出錢又出力的合作夥伴肯定是出自於利益關係。我可以明白了當地說，沒錯，利益確實是許多事情的推動力，不過除了利益之外，過程中還有許多價值是凌駕在此之上的。

利益其實也不像許多人想像的那樣，這麼不可取，或是單純用金錢來衡量。以我籌備過的 .NET Conf 技術年會來說，想要靠活動結餘來賺錢，你會發現辦大型活動這件事，過程中的成本與效益比，真的比去便利商店打工的所獲得的待遇還差。當然這也很有可能是因為我能力不足。

除了骨感的貨幣利益，活動過後所帶來的效益才是讓合作夥伴願意頭也洗下去的關鍵，通常這也是最豐滿的利益所在。一場成功的活動，除了在當下能達成一項里程碑，創造出一段可以拿來說嘴的故事，在活動之後，活動中的內容很有機會在日後產生更多後續的漣漪效應。例如，因為這場活動讓更多人知道原來活動網站可以用 Blazor 技術來開發，讓熟習的 C# 和 .NET 技術的開發者在日後的工作專案，遇到類似的情境時，可以嘗

試使用這項解決方案來處理。又或是因為這場技術分享活動，讓更多人對相關的技術或工具有更多的認同感或興趣，進而發展出更多商機。

對於營利的單位來說，活動的利益可能是獲得的名聲、長期的潛在利益、當下的人脈培養，絕對不會是單純的錢。

總召小筆記

在 2019 年 .NET Conf，籌備過程中得到不少來自社群朋友的幫忙，幾位經常跑社群活動的朋友在我對籌備活動還是茫然無知的時候，和我分享很多組織活動的注意事項，甚至挺起身來幫忙處理各項細節。於此同時，在主推 .NET 這項技術的企業中，有位長期接觸社群的夥伴加入了我們籌備 .NET Conf 的行列，和我們一起打造這場大型技術年會。

這位來自企業的社群夥伴，有著非常豐富的社群經驗，同時也熟捻企業與社群的視角，知道什麼時候該做好那些準備，不論是和場地接洽，還是和廠商溝通等事宜都嫻熟的處理妥當，甚至也幫忙處理企業贊助事宜，舉辦活動所需要的各種 Knowhow 一時之間嶄露無疑。

第一次辦活動就得到社群老手的幫助，又遇到這麼強大的夥伴，簡直是左有青龍右有白虎，如虎添翼，炸裂猛的。

在 2020 年 .NET Conf，有了前一年的經驗和成果，在主辦單位和協辦單位的規劃上有了新的進展。社群與微軟共同主辦了當年度的活動，

不過這次除了有來自巨人的幫忙，還加入了 iThome 和 Build School 協辦單位，這樣的籌備團隊有著充沛的資源、專業的經驗、豐富的人力，因此也將當年度的大型年會活動層級推升到一個前所未有的境界，這是我們社群截至目前為止，舉辦過最盛大的活動。

回顧這幾年所舉辦的大型活動，深深覺得成功的果實是可以被累積的，過去努力達成的成果，可以化作下次成長的養分。這裡講的不是經驗的累積，而是成效被人們看見。社群成立之初，每次舉辦活動只有零星幾位學員參加，這是可想而知的結果，畢竟沒有人知道你這個社群在做啥。然而持續不斷的舉辦活動，開始有越來越多人認識你，相信你的活動內容是有實質幫助的，也漸漸的相信你所舉辦的活動是有一定品質的。活動的報名人數就是一項指標，告訴你有多少人認識你，願意來付費參加你所規劃的一切。到達一定水平之後，不只是學員，願意與你一同合作的夥伴也會開始浮現。

過去點滴累積的成功，成就更精采的現在，同時化作養分滋養未來。

9.3 幕後工作人員

以前身分只是學員，在參加活動的時候，關注的重點是議程主題和內容，想方設法讓自己能在乾貨滿滿的活動中，專注吸吮主辦單位安排的各種技術奶水，茁壯自己對於技術的認知以及開闊的技術視野。在議程之間的中場休息時間，享用大會所提供的零食、餐點、或者逛逛活動攤位拿些

稀奇古怪的有趣贈品，又或是找個角落和社群朋友天南地北的互道職場八卦。對於學員這個角色來說，一整天這樣下來，參加活動所花的時間就已經相當值得了，甚至可說是不枉此行。

當視角轉換到幕後工作人員。

隨著現場活動的進行，工作人員身上所背負的任務會隨著時間和狀況不斷的切換，這一刻是迎接熱血學員，在報到處櫃檯後方時，要趕緊協助發放報到包或是依照學員的需求處理票務問題；站在教室之中要協助講師設備設定，有時還要幫忙簡單開場，提醒教室內的學員這場議程的主題以及趕緊就坐；中午放飯之前，要先安排好學員的便當，以及廚餘、垃圾的處理配置；看到現場有甚麼突發狀況，除了趕緊回報之外，還要進行第一線的緊急應變處理。

因此一場活動的幕後，除了要能找出錢出力的合作夥伴之外，更重要的是，要有這些能處理各種千奇百怪問題的萬能工作人員。

對於幕後工作人員來說，活動的開始不是宣傳文宣上所公告的日期，而是提前 24 小時就緊鑼密鼓地展開。為了讓你更能身歷其境的體驗身為幕後工作人員的感觸，讓我們將時間倒轉到活動開始的前一天。

早晨起床後，窗外的天氣是一件很重要的指標，雖然氣象的變化難以預測，但活動前一天的天氣資訊，最有機會作為隔天的天氣基準。當然查看天氣預報還是比較準確的，不過如果能在活動開始的時候（對幕後工作人員來說）老天爺就願意賞臉給個舒適的天氣，那麼對於活動的前置作業來說，總會比較容易進行。

在聯絡完各家輸出品與紀念品的廠商，確定製作物能順利在當天送到會場之後，在接近中午的時候，趕緊連絡隔天要上場分享的講師們，提醒

一下隔天的議程時間，尤其當活動是一天以上的安排時，更需要做這樣的提醒，畢竟總會有人被各種突發狀況襲擊，忙起來就忘記了日期。

雖然還沒遇過講師開天窗，不過壓線登場的經歷還是有的。

時間來到下午，工作人員載著事前準備好的佈置物，事先採買好的各種供品，以及各式各樣社群小物，一夥人朝著活動會場出發。

正式的活動時間是隔天，如果要使用的活動場地是商業空間，那個活動的事務用品還好處理，畢竟要在商業空間進行事前的場佈作業，勢必會先花一筆預算在活動前一天的場地上。如果活動場地是大專院校或公家機關，比較有機會可以和校工或工友大哥喬一下暫放物品的位置。

在巡完活動場的配置現場後，初步測試了一下每一間教室的音響和投影設備，並和校工確認各項設備的使用方式與注意事項。時間很快地來到傍晚時分，司機大哥在這時候來電了，即將開始的是滿滿的體力活。

找到司機大哥暫停大貨車的位置後，看著司機大哥將活動紀念品一箱接一箱的搬下車，這些好不容易設計、製作完成的紀念品，就在幕後工作人員接下之後，立刻又一箱接一箱的搬到活動會場附近可以暫時倉儲的地方，細心照料著。商業空間的動線規劃一般來說不會有太大問題，倒是大專院校的場地會比較辛苦，因為通常可以卸貨的地方都離活動會場有段不小的距離，要知道移動上百份的活動紀念品可不是一件輕鬆的事，更何況這年的紀念品是易碎的玻璃杯。

幾乎在同一時間，製作印刷品的廠商也將活動用的大型看板送達會場，幕後工作人員引導師傅在先前和場地方規劃好的位置架設起大型活動看板。雖然架設作業不需要工作人員捲起袖子幫忙，只需要看著師傅將數個大型輸出的看板拼接在一起，並安裝上支架。但如果大型看板是要架設

在半戶外的活動空間，那麼可是要預先做好風雨侵襲的準備，準備好緊急應變方案。台灣的東北季風有時候不是開玩笑的，有一次差點在活動前一天把活動看板吹得四分五裂，或是快被風吹飛走。

師傅很有經驗的輕輕將活動看板放倒，讓看板不至於在餐風露宿的夜晚，被不知名的夜風摧殘。接著師傅環顧了一下配置位置與環境，隨後對工作人員露出了一抹奇妙的微笑，我們正不解的時候，師傅不知道從哪裡拿出了幾個旗座交給工作人員，專業的說：「這幾個旗座留著，明天應該會用到。」

場地都預備好之後，離開前的最後一件事，就是打電話訂早餐，絕不能餓到在活動當天忙進忙出的工作人員。

活動 9 點開始開放報到，工作人員 7 點半就在活動會場啟動了早餐會議，並在冷冽的早晨暖完胃之後，各自前往任務地點。

「你是孔明識東風嗎？」在早晨中架設大型活動看板的我，在心中浮現了這句話。前一天師傅的先見之明幫了大忙，在東北季風旺盛的季節，架設在半戶外空間的大型看板有了穩妥妥的旗座幫忙，穩穩地矗立在原本規劃的位置。

「你們是臭皮匠嗎？」30 分鐘過後，我心中冒出了這句話。師父還是太小看台灣的東北季風了，即便有了旗座幫忙，大型看板還是禁不起持續不斷的強勁風勢。幾位工作人員察覺這樣下去不是辦法，隨即改變擺放配置，讓大型看板移動到各適切的位置，不僅不會受到猛烈風勢的迫害，還能讓學員在順暢的動線中，查看看板所提供的活動資訊。

教室外已經相當忙碌了，教室內的狀況也不斷發生。

　　前一天做過初步測試的音響、投影設備，到了活動當天，竟然因為某個設備的表現不如預期，而無法呈現期望中的多間教室同步聯播的效果，搞了一個多小時，還是只有影像能多間教室同步，聲音卻只留在主教室。

　　時間一點一滴的流逝，眼看再過一下活動就要開場了，這時來自遠方尚未到活動會場的神祕工作人員來了通電話，表示他有個解決方案可以處理這燃眉之急，只要去一趟五倍紅寶石（由臺灣的 Ruby 程式語言開發者與愛好者所創立專業程式教育機構）和友人借一下專業的無線領夾式麥克風。

　　10 分鐘過後，我們成功使用既有設備完成影像的多間教室的開場與 Keynote 聯播，並搭配這套無線麥克風將聲音從主教室傳送到其他間教室，達成聲音與內容同步的理想成果。

　　如果那時候你剛好是坐在主會場的教室前排了話，你有可能會發現 Keynote 的講師身上的裝備數量怪怪的，手上拿著手持式麥克風，同時衣領還夾著無線麥克風。而當時負責開場的我，裝備又更齊全了，除了這些之外，耳朵還額外多掛了一組工作人員專用的對講機，隨時掌握活動會場中的所有動態，真的是名副其實的「全副武裝」。

　　教室內發生特殊狀況急於處置，教室外頭的工作人員也是各種忙碌。

　　當學員在活動會場中穿梭的時候，多多少少都會遇見、接觸、間接碰觸到來自工作人員的痕跡。在活動會場之外，就可能遠遠的看到工作人員在引導學員前往活動會場，如果活動當天遇到老天爺心情好，在外頭迎接遠道而來的熱血學員，順便曬著溫暖的太陽補充一下維生素 D，這感覺其實還不錯。不過若是遇到冷颼颼的天氣，甚至濕濕冷冷的下雨天，那麼工作人員的熱情很容易就被冷風給吹涼。

走進會場之後，會遇到顯而易見的活動第一戰場，報到處。能站在這裡的工作人員都需要有很強的臨場處理能力，因為除了協助報到、發放活動識別吊牌、活動文宣或是紀念禮包，還有一個報到處大魔王，發票。

圖 9-1　報到處的發票處理作業

　　非營利社群的背後很多時候就只是一群人，沒有所謂的公司行號，為了滿足需要開立報帳發票的學員來說，必須安排很多事情才能滿足這個需求。事先要調查需要開立二聯式發票還是三聯式發票，分別需要有多少張，要開立三聯式發票的公司還需要紀錄對應的公司抬頭與統一編號，有時候連發票上的品項名稱都需要一點琢磨，最後再一張張手寫發票。

　　曾經我們也嘗試用電子發票，整體的流程少了讓幕後工作人員手寫發票這件事，速度上看似加快了不少，但還是會有一些難關要處理。就不提

能幫忙開電子發票的夥伴有多麼難找，在發放發票的過程中，還是會遇到跟紙本發票一樣的難題：沒收到、改買受人、找不到人。

前兩者還算好處理，反應沒收到，就補開給你；要改買受人，就重開一張給你；找不到人就真的很困難了。

在報到的時候，不用向公司報帳的人就直接每人發一張二聯式發票，要向公司報帳的發票我們都是先開立好了，理論上應該都找的到人，畢竟有報名資訊做對應。不過不知道為甚麼，活動結束之後，還是會剩下一些三聯式發票，因此活動之後，還要想辦法把這些沒能在活動中就拿到發票的人找出來，取得連繫後將發票掛號寄給他。但你以為這樣發票就找到回家的路了嗎？有幾張還真的找不到路，郵差直接給你說，查無此地址。

關於發票這件事，除了這些前置作業、發放問題、後續處理，更別說有些公司還需要大會提供出席證明才能讓學員報帳了。每間公司有各自的作業流程和文件需求，為了讓學員順利完成報帳，就算沒有準備過這種文件，活動現場立刻做一份，再拿去便利商店輸出，身經百戰的工作人員有這種靈活度，也只是小事一樁。

對於活動幕後的工作人員們，對你們真的充滿敬意，除了恰如其分地完成被賦予的任務，還能各自擊破各種突發狀況，由衷感謝。

.NET Conf 2020 研討會

出席證明

茲證明

於活動日期 2020.12.18（星期五）至 2020.12.20（星期日）參與 STUDY4 舉辦的 .NET Conf 2020 技術研討會，共 24 小時，特此證明。

研討會出席證明開立單位

中華民國 109 年 12 月 20 日

圖 9-2　讓學員能順利報帳的出席證明

總召小筆記

在 2019 年 .NET Conf，預計在報到時發放的文宣印刷品竟然意外地在活動前兩天才緊急送到，緊急招集了幕後的工作人員一起來處理活動報到包，將活動的議程手冊、宣傳品、紀念貼紙封裝成方便報到處取用的包裝，讓隔天的活動能在報到那一刻起就能順利展開。

由於這項包裝作業只能人工處理，當下我們的狀況就像是隔天要交貨的家庭代工，在會議室中迅速組織包裝流水線，不過這就像剛建立好的 CI（Continuous Integration 持續整合）流程一樣，Bug 滿滿，很多狀況只有在做的時候才會冒出來，抓取印刷品的位置不順手、每個階段的作業速度難以銜接，造成處理動線出現瓶頸。

當下的我想到了高德拉特的童子軍爬山的故事。童子軍爬山的過程中，隊伍總是越走拖越長，於是羅哥嘗試找出問題並想辦法改善爬山隊的速度。在找到問題是其中有位小朋友走得比較慢造成，而嘗試重新安排這為小朋友的位置，隊伍依然越走拖越長。為了解決這個速度不一致的瓶頸，將這位安排在隊伍的最前方，讓走得比較快的小朋友能輕鬆地跟上。這個方法改善了脫隊的問題，但卻讓整支隊伍速度變得很慢。故事中的羅哥在找出系統的瓶頸之後，接下來還必須想辦法把系統的瓶頸鬆綁，讓整體的效率提升，也就是需要不斷的優化，才能達到最順暢且高效的作業能力。

在包裝的過程中有趣的是，本應是扮演羅哥角色的我，卻在什麼都沒做的情況下，包裝流水線自然地修正其作業問題。

過去有相似經驗的人在一開始就提出包裝流水線的基本框架和做法，而在作業過程中持續提出優化想法的人卻不是經驗豐富的人，反倒是每位在執行任務的小夥伴們，有時針對手邊的作業做優化，有時針對整條流水線提出改善建議，如同一個自組織團隊。

在敏捷思維（agile mindset）之中有個自組織的概念，其主要特徵就是團隊中沒有專職發號司令的主管，是由團隊成員之間互相協作，每位成員都能針對自己（me）以及我們（we）的目標進行自發性的領導。

在工作的環境中，要把團隊捏成自組織的樣貌，要花費不少心力在上面，從制度到文化，從工具到溝通，很多面向都有顧及才有機會達成。在社群之中，可能因為打從團隊組件之初，就有一定程度的熱情在這之中，再加上彼此清楚共同的目標，因此讓這樣的自組織團隊能悄然而生。

9.4 教室小幫手

幕後工作人員如同一顆顆的幫浦，在整場活動的進行中能有源源不絕的動力，讓活動能夠動起來。有些工作人員則是潛藏在教室之中，讓教室內也有強而有力的心臟，讓議程的精彩更閃耀的展現。

教室小幫手，這個聽起來跟值日生有點像的東西是甚麼？這其實是過去身為台下學員的我，在參加過多場技術研討會，以及構思如何讓活動運作順暢之後，所濃縮出來的想法。過去在參加各種研討會時，從進教室開始，就會遇見有工作人員檢核你的識別證，簡單辨識一下你是不是活動的參與者，在 Keynote 或是關鍵議程開始的時候，會有司儀開場，介紹這場議程的講者或是主題是什麼，接著在結束的時候，承先啟後的處理過場。

教室小幫手顧名思義就是專注在教室內發生的所有事情，我稱之為教室任務（classroom mission）。教室任務和外頭工作人員所忙碌的事項截然不同，除了空間的不同，要處理的面相包含學員及講師，甚至議程內容。教室任務基本上可以分成三大類，引導、掌控和專心上課。

⭐ 引導

所謂的引導是指學員從教室外到教室內，或者反過來的過程，這個階段會遇到的狀況也不算少。一般來說，學員會在中場休息時間轉換教室去參加感興趣的議程，不過有時候教室是需要做清場的動作，例如工作坊的議程內容，參加的學員是需要事前報名的，因此每梯次結束時，都要做一次清場，好讓下一梯次的學員能有一個「狀態零」的空間。

對於 Keynote 或是一般的議程來說，雖然不需要特別做清場的動作，但在學員進入教室之前，必須先檢查學員身上的活動吊牌或者識別物，避免不相干的人士闖入，確保報名學員的權益。在辦活動的經歷中，是沒有遇過不相干人士闖入教室的經驗，倒是在教室外發放紀念贈品的時候，被一些不知道哪裡來的外人，取走一些 .NET Conf 紀念環保吸管，好在大會準備了比報名人數還多很多的量，不至於造成影響。

疫情期間，即便報到時都有要求繳交健康聲明書，並且量測體溫以及貼上當日的體溫合格識別貼紙，在每次進教室之前，檢查身份的同時，還需要幫學員進行手部噴酒精的消毒作業，盡可能確保教室內安全無虞。

　　除了對學員有防疫上的要求，對講師也需要有所配套。講師在教室中是需要不斷地開口講話，也因此增加了被口沫傳染或傳播的機率，因此除了保持在室內與學員有 1.5 公尺安全距離，也就是第一排盡可能不坐人，並在麥克風上也要套上一次性麥克風套，每當換堂、換講師上台的時候，教室小幫手就要來幫忙更換這個拋棄式的麥克風套。

　　在分享議程的教室中，有些學員是初次來到這個空間，很自然地會在不熟悉的環境中選擇座位時挑選邊邊角角的位置，教室小幫手需要適時引導學員往教室的前方或中間移動，一方面對學員來說，這樣的課堂的體驗會比較良好，另一方面對講師來說，授課時也更容易和學員做互動。當然，這個無法強求，只能適當的引導。

　　對講師來說，有些講師也是初次到這個教室進行分享，因為無法事前先讓講師充分的測試設備及設定投影機模式，因此教室小幫手也擔起幫助講師排查投影機與影音效果的設定。如果講師的設備無法和場地的投影設備配合，例如場地只有提供傳統的 VGA 的接頭，大會通常都會預先提供轉接線放在教室小幫手身上，以利議程能順利進行。即便準備得相當齊全，還是可能會發生相容性或是有特殊接頭的問題，這時候就要靠教室小幫手靈機應變了，有幾次還是台下聽講的學員即時伸出援手，提供各種狀況的解決方案，真的是台上靠講師，台下靠學員。

🔘 掌控

　　教室小幫手有一個任務是扮演司儀的角色，除了在講師開始分享之前，簡單做一些開場的動作之外，還有一個任務是掌控教室的狀態，讓議程在開始之前，幫忙尚未找到座位的學員，安排座位，畢竟講師的分享時間有限，避免讓講師分享的內容被壓縮，趕緊讓學員做好準備，讓講師可以處於即刻可以開講的狀態，這樣再好不過。

　　根據過去的經驗，有些議程的熱門程度可是非常驚人的，完全不需要催促學員就坐，反倒是需要幫忙找哪裡還有座位。甚至有些學員知道哪場議程是非常熱門，在同軌的前一場議程就先進去佔位，為的是一睹大師的風采，以及近距離吸收大師一舉手一投足所分享的精彩內容。

　　通常遇到這種熱門的議程，最擔心的是座位無法滿足學員的期待，即便已經安排最大間的教室，還是會遇到座位不夠坐的情況。

　　由於大會事前都會沙盤推演或是簡單調查一下學員最期待的議程，對於可能會發生爆場的議程是有所掌握的，因此當熱門議程開始之前，教室小幫手有個隱藏任務，就是在議程開始之前，將額外準備好的椅子搬進教室中，盡可能讓教室的每位學員可以坐著聽講。不過有熱門議程就會有大熱門議程，連額外準備的椅子都不夠，足以用大爆場來形容，這時候學員也是發揮求知若渴的驚人毅力，即便沒有走道可以席地而坐，也會全程站著聽完講師分享。

總召小筆記

在 2019 年 .NET Conf，好幾位講師的場次都發生大爆場的狀況，台大社會科學院的和碩講堂有 324 個座位，在活動前一天我們就準備好備用椅子放在講師休息室，隨時待命。就在 Andrew Wu 所分享的「大規模微服務導入 #1 架構設計」議程中，就出現安排的額外椅子不夠坐，學員甘願坐在走道上、站在教室後方，人多到差點連教室門都無法關上的狀況。

而且如果仔細看議程題目了話，敏銳的你應該會發現，這場議程只是 #1。沒錯，當年 Andrew Wu 連續講了兩場議程，第二場議程「大規模微服務導入 #2 .NET Core 開發框架設計」也延續爆場狀態，教室裡面塞的水洩不通，連蒼蠅都飛不出來。

我嚇到了，也學到了。

在 2020 年 .NET Conf，有鑑於 Andrew Wu 的所提供的大爆場經驗，這年做了適當的配套以及管制措施。每間教室都放置了收錄設備，讓大熱門的講師所分享的內容可以被高品質的記錄下來，於活動結束之後，在講師的同意下公開分享給各位學員。

這樣一來除了讓爆場的狀況能得到緩解，大家不需要擠在特定時段的教室中，也能在之後以輕鬆的方式學習或回顧大師的分享。畢竟我們的目標是學習，而不是開演唱會。

另外，會促成這樣的安排還有一個原因，疫情。

當時雖然疫情有稍微趨緩，讓我們能順利舉辦線下的實體活動。但由於還是會擔心各位學員的健康，因此對於教室內的座位數有做加強管制，要求教室小幫手在教室沒有座位的情況下，請還是想進去聆聽的學員，改選其他議程，並告知相關規定及大會安排。

⭐ 專心上課

這是甚麼任務，難道是要讓教室小幫手幫學員「上課」嗎？

近年來各大研討會都會有一個台下活動，議程共筆，讓參加同一場議程的學員，能彼此分享這堂議程所得到的知識，或相關的延伸資訊。這感覺就是過去在學校上完課後，和同學借筆記來抄的擴展，有時候學習不僅是從老師身上學，同學在同樣的教學內容下，所發想出來的延伸知識，也是很有意思的知識延伸。

即便很多講師會在會後發布議程的投影片，讓學員能藉此回想議程中所分享的內容，不過有些關鍵或者無法落筆的內容，是不會出現在簡報上的，這種簡報之外的內容，只有現場的學員才有機會獲得。透過議程共筆，這些在議程中隨風而逝的關鍵，有機會在共筆中被記錄下來，讓稍微

不留神的自己，還有一點補救的機會。不過如果該內容有明確表明不要分享和紀錄，請還是尊重。

我過去很喜歡在研討會中使用這種共筆服務，除了讓自己記錄下課堂的知識外，還能強迫自己在 50 分鐘的聽講中，留下一些感觸較深的重點。但是議程只有兩三場的時候，還有辦法讓自己長時間的「多工」，邊聽邊記錄感受，但時間一拉長，一連上多個議程之後，疲勞感是會倍數增加的。

有過這樣的經驗，所以出現了這個想法：為了讓學員能更專注在現場講師舉手投足的分享，筆記這檔事，就有請教室小幫手來幫忙啦！

根據觀察，大部分的議程共筆內容都是以記錄議程內容為主，額外的延伸和感觸稍微比較少一些。再加上會主動在議程共筆上耗費心力記錄的人，還是只有少數，為了讓更多人能受益於議程共筆，在教室中安插了一位教室小幫手坐在台下，跟著大家一起聽講，並且盡可能記錄下議程中的關鍵內容。

這件事情並不容易，如同我之前一樣，時間一長，議程一多，疲勞感是很可怕的，因此必須做一些配套安排。

這位教室小幫手的人選很重要，必須要有足夠的熱情，以及基本的技術能力，才有辦法勝認這項安排。有幸在規劃這個想法的時候，有來自 Build School 的 Dann 哥作為合作夥伴，在 Build School 的歷屆學員中，找來幾位優秀又有熱情的校友來擔任這樣的角色。再來，這項任務絕對不適合一整天的議程只有一個人來執行，必須安排多位互相協助，也因此一間教室安排了兩位教室小幫手互相來 Cover。

當然這個做法還是有侷限性，議程共筆的背後有一個強而有力的重點，差異觀點。這件事情始終必須由多人來共同製作，才會有這樣的產出。不

過這不代表教室小幫手辛辛苦苦賺寫下的議程關鍵內容就沒有用了，教室小幫手記錄的是基礎、普遍的關鍵內容，讓大多數人不需要再去處理這些資訊，進而在這個基礎之上記錄下自己的差異觀點即可。

教室小幫手要執行引導、掌控、專心上課的教室任務，內容其實相當多元，為了讓小幫手們能快速掌握職責，大會製作了基本列表讓小幫手能快速掌握重點，以達到這裡想要實現的理想。

表 9-1　教室小幫手協助事項清單

教室小幫手 – 協助事項		
階段	項目	說明
上課前	架設攝影設備	測試、操作攝影器材
	入口檢查學員吊牌	宣導課程先到先聽，因應疫情採座位制，不開放走道等非座位區。若晚到且滿場，委婉告知請他們聽其他議程
	入口防疫噴酒精	進入教室皆須手部噴酒精消毒
	協助講師設定設備	講桌都有電源、VGA 螢幕線、有線網路，幫忙講師配戴免持麥克風
	檢查麥克風	確認麥克風是否正確運作，議程結束時更換麥克風套
	開場介紹	簡單版：「議程即將開始，請各位盡速就座，這場議程由 XXX 講師，為我們帶來 XXX 議程主題，掌聲歡迎」，複雜版自由發揮
上課中	操作攝影設備	開場時帶一下講師畫面，議程中以投影片為主
	議程拍照記錄	講課時幫講師拍個人照、上課情境照
	處理麥克風沒電	先用手持麥克風，派人去找工友換電池，若都沒電且老師要 Demo 時，上台協助拿麥克風
中午休息	防疫作業	消毒教室內的桌面

教室小幫手－協助事項		
階段	項目	說明
備註	學員詢問是否提供錄影檔	攝影為內部紀錄為主，活動結束後會提供給講師，由講師決定是否公開
	學員詢問是否提供投影片	會詢問講師是否公開投影片，並且於活動結束後由大會統一處理
	學員詢問發票問題	請洽報到處工作人員

　　感謝所有來自微軟實習生、Build School 歷屆學員、社群夥伴，我們曾經一起撐起活動現場的幕後工作，整場活動能辦的如此精彩，沒有你們的幫忙是絕對做不來的，藉這裡跟各位夥伴致謝。

10 票價的拉扯

很久以前 Facebook 的某社團中，有篇貼文在討論社群舉辦活動如果虧錢應該算誰的，身為活動主辦單位是不是應該在設定票價的時候，就應該精算好，將費用分散在所有票價並且在票價中留下一些餘裕，以避免售票不如預期所造成活動虧損，因此不論有盈餘或虧損，這些都是主辦單位必需要承擔的結果，這個討論其實滿值得深思。

當以商業目的來說，確實不論盈餘或虧損，都是主辦單位必需要承擔的結果，但是如果以不做商業考量的社群來說，這個問題就不是這麼簡單了。

這裡設定了一個前提，不做商業考量。社群之所以辦活動，目的並不是為了賺錢而是為了促進技術交流，若是為了營利，那麼在風險的控管上就會變的非常嚴謹，畢竟在營利的前提下，沒有人會想要虧錢。當目標是擺在交流時，那麼在設定票價時，最主要的考量就是如何能創造出更具規模的交流空間，只要能收支兩平，或是不要有無法承擔的虧損，基本上都是可以接受的。另外，以交流為目的的票價設定有個隱含的關聯性，你以為你在設定票價，其實是在設定交流的規模，關於這點我們在後面章節會再討論到。

很自然地，當想要創造出更具規模的交流空間時，這個活動勢必變得更大，而當舉辦的活動越大，所需要的花費也越是驚人，更可怕的是總支出的變動性也會更大。

前面有提到，活動最大的成本其實不是人員開銷而是場地費用，不過，雖然這項最大筆的費用在訂好場地之後，基本上是不會變動的，但是對於像這種固定費用來說，報名的人數是會直接影響分攤的比例，簡單說就是報名的人數越多，代表分母越大，也就有越多人能一起負擔這筆費用。因此報名的人數多寡，直接會影響到總支出的變動性。

固定費用之外，還有很多支出項目是屬於動態費用，這類型的費用會隨著報名人數的多寡來動態增減，例如像是便當、紀念品、手冊等輸出品。這種動態費用倒是可以在某個時限內固定下來，根據當時的報名人數向廠商提出做調整。不過當超過所限制的時間點之後，要追加數量還是需要付出很大的代價的，因此這類型的項目數量通常都會多抓一些，以備不時之需。

另外，根據樣本數極少的個人經驗做為統計母體，在不過度把心思放在招贊助商的狀態下，票價收入大約佔活動總收入七成以上，因此每位購票來參加活動的學員，每一位都是主辦單位的衣食父母，活動能辦得下去，也全靠你們支持。

10.1 理想的票價

對於非營利的社群來說，活動的目的是讓志同道合的人聚集在一起做知識分享，讓社群成員們有機會互相交流、認識，因此為了讓更多人有機會來參加，會期望盡可能的不要增加門票價格，讓報名參加的門檻降低。贊助和販售紀念品這兩種收入，前者很多時候要靠運氣和關係，而這兩種都很容易不小心讓社群活動增添太多商業氣息，要拿捏好分寸、做好取捨真的是門藝術。

最理想的狀態下，當然是每一分錢都花在參加活動的每個人身上，可以不用有多的盈餘，但求不要有虧損就好。

回到票價的訂定，一般來說票價會是在籌備活動的初期就做出決定，討論的過程中會根據活動預期的規模所產生的場地成本、議程內容所呈現出的價值、經驗中的各項開銷，以及為潛在風險所安排的預備金，藉著這些條件來思考票價該如何規劃。

基本上，舉辦收費的活動會有三種收入，贊助、門票、販售紀念品，當你想要提升活動品質或規模時，也不外乎從這三種收入來補貼所需要的支出。

⭐ 贊助收入

有些人對於贊助收入有著負面的看法，認為贊助商可能會對於活動的內容有著目的性的干涉，對活動品質產生不良的影響。當然也是有歡迎有贊助商的一方，有些人認為贊助商能提升活動的豐富度，尤其是在議程中間的休息時間，能夠逛逛攤位拿些贈品，這樣也是挺有趣的。

不過要找贊助商可是相當不容易的，贊助收入可說是最難掌握的一項收入，因為贊助商的來源是相當難尋覓的，除非贊助商本身就有在關注社群活動，不然許多公司是看不見社群的。而且贊助的金額的拿捏也是門藝術，要讓贊助商願意掏出錢包或是拿出有助於活動進行的服務或商品，其實需要非常多心力。因此，如果你想要依靠贊助來補貼活動的支出，那麼你必須要有一個很好的贊助方案規劃，以及不怕受挫的心理準備，才有機會讓贊助商願意為你的活動出一份力。

在籌備活動時，將贊助收入視為一項可選的收入，而不是一項必要的收入，這樣才不會讓你在活動籌備的過程中，因為贊助收入不如預期而讓自己陷入焦慮的狀態。將這份收入用來支付活動的雜支，或是用來提升活動品質及豐富度，會是一種很好的選擇。

⭐ 門票收入

門票收入會是活動的主要收入，通常可以佔總收入的 50% 至 70% 左右。一般來說可以設計多種票種，來提供不同的服務內容，或對潛在客源做分群，吸引不同人群來報名參與。

總召小筆記

在 2020 年與 2021 年的 .NET Conf，除了歷年來都有規劃且由社群主導的技術議程，推出了企業日的活動，將活動日設定在周間，吸引來自企業的工程師，讓他們能用正常的上班時間來提升技術知識。同時，在企業日的內容加入 Hands-on-lab 工作坊，安排技術大廠的顧問來帶領實作，透過實際動手操作來學習技術，使學員能從做中學，加速學員將技術轉變成即戰力。

這樣的規劃，除了提供了一個更專業的活動體驗，也貼近企業需求，讓企業更有意願讓員工出來參與技術活動，同時也讓他們不會佔用周末的休息時間。另外，像這種專門企業導向的活動安排，也成功為門票收入帶來了不少的收益。

除了根據活動內容設計出不同的票種之外，也可以根據報名時間點來設計票種。常見的作法會設計成，在某個時限內報名，可享有早鳥票價，早鳥票的價格會比正常票便宜許多，鼓勵大家早點報名活動，而且這樣的安排能讓活動主辦單位更容易根據報名人數來調整活動內容，更有底氣的安排活動。

一般來說，早鳥票的時限可以設定在活動推廣初期，也可以設定成在活動內容尚未完全公布的時候，特別是議程資訊。對於完整的活動資訊尚未公布，就第一時間購票支持活動的學員，可說是非常熱血，不給些優惠怎麼行呢。

這樣的票種安排思路下，還可以推出幾種非常極端的票種，例如超級粉絲票，在公告有此活動的十天內，什麼內容都還沒有釋出的時候，推出數量極少的超級優惠票，這樣的設計可以讓購票的學員有一種「我是第一批買票的人」的感覺，況且這時候的票價比正常票的價格便宜非常多，也讓學員有一種「我買的比較便宜」的感覺。

或是逆向操作，推出超級瘋狂票，這票種的價格比其他票種都高，基本權益卻跟所有人是一樣，只差在一個極其特殊的識別證，證明你是超級熱血支持本次活動。這種票種聽起來是不是很瘋狂，但是這樣的票種設計，可以讓活動主辦單位充分感受到大家對社群的熱情與熱愛，不過到目前為止，我還不敢推出這種票種。

門票的設定玩法真的非常多元，完全就是發揮你的想像力，不過要注意的是，票種的設定不要太過複雜，不然會讓學員在購票的時候，不知道該選擇哪一種票，這樣反而會讓購票的學員覺得很煩，而且也會讓活動主辦單位的工作量增加許多。

⭐ 販售紀念品

　　許多技術年會中，會安排贈送紀念品給參加者，這些紀念品通常是活動主辦單位自行設計的，或是由贊助商提供。紀念品的設計若能配合活動的主題，除了增添紀念品的質感外，對於活動的完整性也有很大的幫助。有時候紀念品做的太好，學員還會主動詢問能不能加購，這也發展出販售紀念品來增加活動收入的機會。

　　關於販售紀念品這件事，有些重點要掌握好，像是如何設定紀念品的價格，名不符實的售價不僅會使學員放棄購買，也可能會造成活動的負面觀感。設定紀念品的價格時，可以先參考隔壁棚的技術年會怎麼訂價，或是參考贊助商提供的價格，紀念品的溢價空間要盡量讓學員有一種「這個價格是合理的」的感覺。

　　另外要在甚麼時候販售，這也是個學問。紀念品最好是在活動當天販售，這樣可以讓學員在活動當天就能帶回家，也可以讓學員在活動當天就能感受到活動的氣氛，這樣也會讓學員對活動有更多的回憶。但是如果紀念品有尺寸選擇的時候，那麼安排在報名時期就做選擇比較不會有問題。舉個例子，如果紀念品是 T 恤，那麼就可以在報名時期就讓學員選擇尺寸，這樣就不容易發生學員所需要的尺寸數量不足的問題。對於像這種有尺寸選擇的紀念品，很難在數量的安排上做到完美，因此建議在數量上多訂一點，這樣就可以讓學員即便要在活動當天更換尺寸，都還是可以滿足需求。至於多的紀念品，就安排在活動當天販售吧。

　　不過由於販售紀念品這件事情，會讓活動主辦單位的工作量增加許多，因此建議在活動的規模不大的時候，就不要安排販售紀念品，這樣可以讓活動主辦單位的工作量減少許多。如果真的很想做紀念品，優先以無尺寸差異的品項為主，像是紀念杯、USB、書籍等等，或是直接包進門票中，讓人人都有東西可以帶回家。

10.2 現實的骨感

即便活動的收入有三種來源，但是活動的主要收入還是來自於門票，因此要活動本身能順利辦下去，就必須要有足夠的門票收入。當然，如果活動背後有個富爸爸當靠山，那麼就不用擔心了。過去你可能有看過網路三巨頭 Amazon、Google 或 Microsoft 在辦自家的官方售票活動的時候，那個活動規模堪比五月天演唱會，即便是舉辦免費活動，那場景也有 5566 的等級。只是在台灣大多數的社群活動，尤其是技術社群活動，即便有贊助，基本上都還是必須靠自己來賺取收入。

票價真的很難訂，除非你口袋夠深，禁得起虧損的風險。在思考如何增加門票收入的時候，基本上會有兩種方向，有更多人報名或是提高票價。客單價提高可以強勁的充抵費用，讓財務壓力降低，或是設定便宜一些的票價，吸引更多人報名參加，用人均來攤平更多成本也可以達到一樣的效果，不過這就是天秤的兩端了。

⭐ 提高票價

過去在收到國外的技術年會資訊時，眼球除了會被精美的活動介紹圖片吸引外，還會被活動的門票價格給震撼到，因為國外的技術年會的門票價格通常都非常昂貴，美金 100 元算是最便宜且最不常見的，最常看到的票價都在美金 500 到 1,000 以上，那個票價真的是讓人無法恭維，但又很想去朝聖看看。

反觀，台灣的技術年會門票價格卻頂多落在台幣 1,000 到 5,000 元之間，很難再有所提升，特別是社群主辦的時候。之所以會有這樣差異的原因，其實大家都心裡明白，只是同時心裡也有點不解。當然，要比較國外與國內的票價高低時，其實背後要考慮以及會影響的因素很多，例如在高

所得的國家舉辦研討會，票價自然是其他國家的人無法恭維，就像是同樣都是珍珠奶茶，在台灣只要 35 塊（我人生第一杯珍珠奶茶的售價）而美國隨便都破百台幣。另外，可能因為該技術的發源地是在那個地方，因此會聚集更多相關技術的人前往朝聖，自然營造出殿堂般的研討會票價。然而不解的是，台灣辦研討會活動票價比國外便宜是可以預期，但總是感覺低到讓人懷疑技術分享就這麼沒價格嗎？

有件事令我相當印象深刻，記得在籌備 2020 年的 .NET Conf 活動時，那次為了挖掘更多潛在學員，想盡辦法和企業內的技術人員進行活動推廣，就在過程中的某次聊天中，聽到令人沮喪的回應，那位無法具名的技術人員說，「我有關注這次的活動，也很想報名參加這次三天的研討會，感覺會很充實，只是這次票價比去年高，主管還說國外 .NET Conf 不是都免費，為什麼這活動還要買票。」

這個回應讓我有點沮喪，因為我們社群在籌備研討會的時候，基本上是都沒有在考慮能不能賺錢這件事，所以不會把票價高低這件事情看的太重，只要活動能順利舉辦，就算功德一件了。同時，這個回應也讓我很感動，因為這位技術人員的回應，讓我知道，我們社群所舉辦的研討會是有被以往不容易被看見的企業內部看到，這代表已經有了一定程度的品牌價值，並且所提供的內容足以打動人心，讓人想要參加。

過去我們社群舉辦的研討會都落在 1,000 元左右，為了權衡議程的知識分享價值，以及學員們或主管的接受度，在思考票價時，我內心採用了一個很簡單的計算公式，每場議程相當於一部電影，票價就用電影票價的方式來做計算。假設一部電影的票價是 300 元，那麼一場議程的票價就是 300 元，研討會一天下來通常會聽到 8 場議程，因此一天的研討會票價就是 2,400 元，用這樣計算概念當作基礎。

再來，除了議程之外，還有甚麼方式可以提升票價呢？工作坊是一個很好的方式，因為工作坊的內容是屬於實作類型，藉由講者的帶領以及助教的協助，手把手的帶你一步一步學習，完成目標，這種有別於常見的議程內容，學員只是坐在台下聽講的方式，更能突顯出內容的價值。而且工作坊這類型的安排會是有限的人數，可以藉此提升內容稀有性，這對票價的提升也是有些幫助。

⭐ 更多人報名

有人說「票價越高，能吸引有能力的人參加，票價越低，能吸引有意願的人參加」，我猜這裡說的能力應該指的是鈔能力。可想而知，票價相當於門檻，票價越高門檻越高，這時候願意拿出大把銀子的人成指數遞減，除非學員口袋夠深，或是公司願意支付費用讓員工參加。不過不論是誰付錢，不變的定律是票價與人數之間有著一定程度的反比關係，票價越高人越少，票價越低報名人數越多。

身為旨在推廣技術的技術社群，很自然地會期望能有越多人參加越好。不過以極端例子來說，如果以幾乎免費的方式舉辦，雖然報名的人數很容易拉高，但這樣的設定是會影響到實際報到的比率。具經驗來說，付費活動的報到率平均在 86%，而免費活動往往低於這個平均許多，畢竟大多數的人看到免費的活動都抱持著，先報名再說，之後有沒有時間去再說。這樣一昧地衝高報名數，也不是活動主辦方所樂見的。

徒增這種報名人數，對於社群來說並不重要，畢竟這種報名人數的 KPI 只有對公關公司或活動公司才有價值。社群需要拿捏得是票價與人數的平衡，票價和報名人數兩者之間的平衡該如何拿捏，是活動籌備方經常在探索的課題。

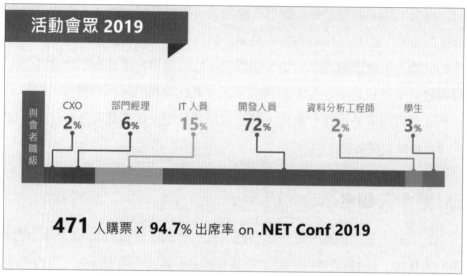

圖 10-1　.NET Conf Taiwan 2019 活動出席率

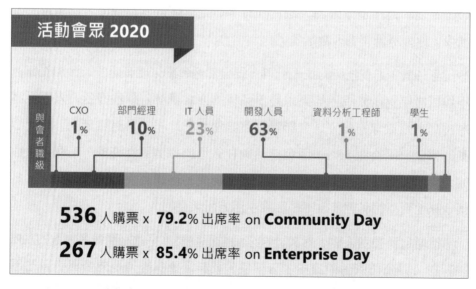

圖 10-2　.NET Conf Taiwan 2020 活動出席率

圖 10-3 .NET Conf Taiwan 2021 活動出席率

表 10-1 .NET Conf Taiwan 2019 與 2020 的票種與出席率比較

年度	票種	權益	票價	報名數	出席率
2019	社群早鳥票	2 天社群議程	1,200	471	94.7%
	社群票		1,600		
2020	社群早鳥票	2 天社群議程	1,800	269	89.4%
	社群票		2,400		
	早鳥全票	2 天社群議程	4,200	267	82.4%
	全票	1 天企業日	4,800		
2021	社群早鳥票	1 天社群議程	2,000	128	83.3%
	社群票	7 日社群議程回放	2,400		
	早鳥全票	1 天社群議程 1 天企業日	4,200	260	80.7%
	全票	7 日社群議程回放	4,800		
	社群直播票	1 天社群議程直播 7 日社群議程回放	2,000	86	-

2019 年的活動可以說是受惠於技術社群已經很久沒有出現大型活動，因此為期兩天的社群技術議程，受到許多學員青睞，迎來許多技術愛好者前來報名，在活動出席率上也有著極佳的表現，將近 95% 的報到率，是前所未有的表現。這年的票價設定上，目標在不虧本的方式，期望讓更多的人參與。必須要特別提到一點，因為這年得到相當多官方的幫忙，才有機會將票價壓低，讓主辦單位能達成技術學習不孤單，造就大家一起共襄盛舉的場面。也因為有眾多學員的支持，這年度的收支不只沒有虧損，還有一些盈餘，這也是我們在籌備下一年活動時，能夠有更多的資源投入的原因。

2020 年的活動可以看到票價有所提升，這主要是反映在三天的活動內容上，而且這年也是 COVID-19 疫情爆發的第一年，導致活動的成本增加了不少。票價的設定上，也是以損益兩平的狀況下，盡可能的讓更多的人參與為目標。同時，這次活動也投入了專業攝影設備，在活動結束之後釋出部分議程內容，讓技術的分享能持續下去。可以看到這年的活動出席率有所下降，但是仍然有著不錯的表現，將近 90% 的報到率。基本上這年度的活動都不太好辦，在疫情的肆虐下許多成本都提高，過程中也背負著隨時活動會喊卡的壓力，但最終還是獲得了許多學員的支持，讓這場活動順利的舉辦。同樣的收支沒有虧損，有一些盈餘。

到了 2021 年的活動，疫情更加肆虐，主辦方用勁全力在做學員上課環境的防疫工作，挑選平時社群不可能會使用的商業空間作為活動場域，成本增加不只一倍，甚至接近兩倍。可以看到票價上幾乎沒有變動，但社群議程天數也因為成本無法負荷而砍半。並且這年增加了線上直播票種，讓對參加實體活動有疑慮的學員，也能有機會參與。最終的收支也是沒有虧損，還留下一些些盈餘，只是這個盈餘不是單算當年度的結餘，而是這三年的結算。

到這裡，可以發現這幾次活動下來我們在票價設定的策略上，是以能讓更多人能參加的方向去思考。這樣的策略，也是希望能讓更多的人參與這個技術社群，獲取更多技術知識，讓更多的人能夠受惠，同時讓這個社群活動能夠更加的活躍。

總召小筆記

在 2020 年的 .NET Conf，在票價的設定上有稍微有點概念，使用電影票的方式來計算門票價格，除了可以貼近學員的生活物價，讓在思考是否要購票的時候，能和生活周遭常見的電影做出一點連結，引導出「看電影得到的是娛樂，花同樣的金額能得到的是知識」，藉此方向去思考這票價所能帶來的價值。

像是社群票 2,400 的設定，就是參考電影票 300 塊，而在整場活動有 30 到 40 場議程，其中有 8 場議程是有興趣的，那麼就相當於一張票能看到 8 場議程，用這樣的思路訂下 2,400 這個票價。

某天在拜訪業界大師並邀請至研討會分享的時候，聊天的過程中討論到國外研討會和國內研討會的票價差異，其中提到一個想法是關於工作坊的內容安排。在許多國外的技術研討會中，主辦單位會安排工作坊的課程，而且這種課程都是會需要另外收費的，並且價格不菲。

返程的時候，仔細想了工作坊這個想法，這項安排確實能為活動注入不少動能與收益，而且在活動整體的豐富度上會有顯著的提升，不過工作坊票價另計且高昂這件事是需要仔細盤算的，畢竟這樣的作法還沒有普遍在各大社群主辦的年會出現。

安排工作坊的內容除了要精心設計之外，講師還要想辦法在有限的時間內，帶領每位學員完成任務，因此工作坊所需要的人力、資源是比一般的議程分享來的耗費心力的，可想而知正是因為如此國外研討會才會採取另外收取費用的方式。

在思考提升技術活動內容和票價時，或是在思考如何增加活動收入來源時，工作坊是一個不錯的方向，不過也要考慮到這樣的做法是否可以讓學員們接受，現階段來說，工作坊另外收費的接受度普遍還是個問題。

於是在當年度的議程內容與票價設計上，我們將工作坊設計成企業實戰，並搭配企業專屬的內容議程，打造出快速提升即戰力的綑綁包。上半場學習來自企業的主題分享，下半場透過五種不同面向的主題進行工作坊，藉此將工作坊納入活動內容，增添活動豐富度，又能吸引企業來一起提升戰力，對主辦單位來說，這樣做還能把注門票收入，讓現實的骨感變得性感一些。

10.3 開源節流

前面提到活動的收入來源，除了門票收入之外，還有一個重要的收入來源是贊助，關於贊助我們另外再來討論。收入的部分算是開源的範疇，為了讓活動能達到預期的收支兩平衡，我們還需要對活動的支出做一些節流的工作。

籌備活動的過程中能花錢的名目太多了，從大項目的場地租金、設備租賃、講師費用，枝微末節的票務平台服務費、發票稅金、設計印刷費、授權費，甚至到工作人員便當、學員下午茶、活動慶功宴等各種活動支出，這些都是活動的常見的支出項目，而且這些支出的金額都是不容小覷的，有些費用看起來很少，但累積下來可是不小筆的費用。因此在活動籌備的過程中，我們要盡可能的節流，讓活動的收支能夠平衡。

簡單歸納了一下活動的支出，大致上可以分成七大類，場地與設備、飲食、車馬補助、紀念品、票務與稅、輸出品與宣傳，根據這幾次籌備技術年會的經驗，各類型的支出名目與占比如下表所示。

表 10-2　籌備活動的費用類型與占比

類型	名目	占比
場地與設備	會場租金、佈場費、攝影設備、對講機、會場網路	38%
飲食	工作人員便當、學員下午茶、活動慶功宴、各式飲料、水	18%
車馬補助	講師費、工作人員費、交通費、住宿費、車馬補助	14%
紀念品	T-Shirt、紀念杯、貼紙、紀念品	10%
票務與稅	售票平台服務費、發票稅金、保險費	9%
輸出品	設計費、印刷費、製作費、物流費、授權費、素材費	9%
宣傳	公關、廣告	2%

其中最大筆的費用不意外的來自於場地與設備費用，這項費用也是最難省的，因為場地與設備的費用是屬於活動的必要支出，如果不租場地，活動就無法進行，如果不租設備，活動的品質就容易大打折扣。不過雖然這項費用很難靠我們自己把它省下來，但我們可以做的是找到最便宜的場地與設備，或是透過尋找贊助方的作法，找到合適活動且價格親民的場地與設備，減少這項支出的金額。

　　飲食費用的占比也不意外的高，物價高漲的時代，便當一年比一年貴，想當年 75 塊就可以吃到好吃的排骨便當，現在一個排骨便當輕鬆破百。因為活動是一整天的，適時的補充水分和能量才有辦法維持高專注的精力吸收來自講師們的分享，因此在活動的上午和下午時間，安排茶點供學員補充體力也是相當重要的環節。

　　學習時的大腦所需要的能量來源是複雜的醣類，這種醣類的主要來源是經過人體消化碳水化合物所產生的葡萄糖，當我們希望大腦有穩定專注力時，適時地給予大腦穩定的醣當作燃料時，它就能穩定的運作。所以有時後各式下午茶點端出來的時候，學員們消耗速度可是相當驚人，堪稱搶供品。

　　經費充足的時候，請外燴送精緻的下午茶點是能增添活動些許的看點，但若要分享如何節省這個項目的費用心得，最有效且學員依然會喜歡的方式就是，擺放大量五花八門的零食，也就是俗稱的垃圾食物。零食的種類真的是五花八門，永遠不缺新鮮感，而且有時候懷舊的零食也依然暢銷，因為它們的味道是很多人都很熟悉的，所以不管是什麼時候，都可以擺放這些零食，讓學員們在吃的同時還回憶起自己的童年時光。像是薯片、糖果、巧克力，任何酥酥脆脆、甜甜鹹鹹的各式零食，除了好吃之外，迅速補充能量的效果也是非常好的。但還是要注意，不要吃太多，後遺症可是會伴隨著你很久很久的。

這裡的車馬補助費占比其實比大多數的年會都要低，主要是因為講師們都是非常願意在社群中做分享，如果場合換到商業行為的演講時，這個費用就會大幅度的提升，因為講師們的時間都是非常寶貴的，而且也是非常貴的。若你們公司有請顧問的經驗了話，就會知道顧問一小時的費用是所費不貲的，更何況要精心準備一場演講。要節省這類型的費用非常簡單，自己下場講一場就省一場費用，但即便如此還是要注意內容品質，畢竟在籌備活動的過程中，是會花費相當多精力的，除非很有把握，否則不要輕易的身兼講師這項任務。

一般來說紀念品會控制在票價的 5% 以下，但除非在資金有餘裕的狀態，或是事前已經有做好安排，才需要處理這個項目。以 .NET Conf Taiwan 2020 曾經做過的紀念啤酒杯來說，不含設計成本，單就跟廠商下單的成本一個杯子就將近 100 元，這還是貨比三家的結果。

紀念品可以增添活動價值，不過這也算是非必要的項目，紀念品真的就是量力而為了。另外，紀念品的對象也可以是給講師和工作人員，在我第一次籌備 .NET Conf Taiwan 2019 時，那時候因為沒有充裕經費，但想解決工作人員服裝與講師紀念品這兩件事，於是計畫撥了少許的經費來製作衣服，但要請廠商製作衣服要考慮到尺寸和數量的問題，於是我自行逛遍了台北各大 UNIQLO，直接買成衣來降低成本，再親自送去給衣物加工廠做圖案印刷，雖然這樣做會增加許多時間成本，但確保了衣物品質及製作費用，也帶給講師與工作人員一點紀念。

票務與稅這個環節你想省嗎？若想省票務費用，可以去找個大售票平台談談，看他們能不能給些贊助方案，但是要注意一下所提供的方案內容是否與你預期的相同。至於稅，就別想了吧，這是必須要付的，不然你會被國稅局抓去喝茶的。

這個類別我還列了保險費這個項目，這是 STUDY4 創辦人曾經心心念念的一個項目，畢竟這麼多人的活動會場會發生什麼事情很難說，買個保險總是好的，這裡簡單給個保險金額的概念，500 人三天的公共意外責任險費用約在 5,000 左右，視各家保險業者而有所不同。

　　輸出品和紀念品的類別相似，在廠商的製作成本上能做的只有貨比三家，再不然就是問問看有沒有社群朋友認識相關的廠商，賣點情面來省下一點點費用。有幸於我太太的大學同學家剛好是在做輸出業務，得力於此，我們取得沒有資訊不對等的輸出品價格，還能在製作上得到許多來自專業的建議。

　　眼尖的讀者可能會發現，這裡我將設計費用列在了輸出品的類別，沒有特別拉出來獨自一類。一般來說，設計費也會是另一個為數不小的費用，但因為在這幾次的活動籌備中，我們將大多數的輸出品、廣告文宣、活動網站等設計，都由自己社群內部人來處理，藉此省下大筆費用。現在網路上已經有很多的設計素材可以購買下載，搭配社群人才濟濟，只要有一點點的設計基礎，我們也能做出不錯的成果，藉此省下很多費用。

　　可以發現，很多事情是靠社群內的人力協助完成的，因為有大夥的熱血技術支援，讓我們有機會將這些節約下來，所以與其說是省下了多少錢，不如說是因為有來自社群的力量，讓我們能夠將這些費用省下來。

　　當然，如果資金充裕，那麼就可以將這些費用都交給專業人士來處理，但是這樣的話，就會變成一個不同的故事了。

11 拜託贊助我們

其實不管活動大小，贊助都是一個很重要的環節，尤其是當主辦單位是來自社群的時候。因為社群的活動往往是由社群成員自發組織，而且很多時候是沒有經濟支援的，在像是 meetup 這類型的小型活動，如果而獲得場地的贊助，像是一些樂意分享閒置會議室或訓練中心的空間，讓社群有辦法匯集一些技術愛好者，共同促進技術的分享與發展，這樣的贊助是相當重要的。有些有心贊助社群的贊助商，雖然沒有辦法贊助場地，偶爾贊助一些飲食相關的東西，像是小餐點或是飲料等，都可以讓社群的活動辦的更加順利，這些恩惠都讓社群成員由衷感謝。

當然不是說沒有贊助活動就辦不起來，只是有贊助方的幫忙，真得更容易促使活動能夠順利舉辦。在本書討論票價的章節有提到，票價的高低是會直接影響報名門檻，以場地費來說，當然可以將場地費分攤到每位學員身上，這是合情理的，只是門檻也就因此提高，自然對推廣或分享技術來說，是個利空。如果能夠獲得贊助，就可以讓活動的門檻降低，這樣就能夠吸引更多的人參與，這也是尋求贊助的一個重要關鍵。

對於小型活動來說，金額都不大，場地也相對容易找到，但是對於大型活動來說，場地的租金就會是一個很大的開銷，這時找贊助商是籌備大型活動的一個重要環節，而贊助商能提供的協助有以下幾點：

1. 資金支援，以確保活動籌備順利

2. 物資支援，如場地、攝影設備、紀念品等，以減少活動籌備的負擔

3. 活動合作夥伴，在活動中提供專業的服務和支援

活動主辦方和贊助商是一種互利共生的關係，活動主辦方有來自贊助商的協助，讓活動能朝好的方向發展，並且可以藉此吸引更多的參與者。同時，活動主辦方也能夠提供贊助商宣傳的機會，贊助商能藉此提升品牌的知名度，這樣的關係才能夠持續下去。

11.1 關於贊助這檔事

以前學生時期的社團課，每當要做成果發表時，社團幹部就會開始尋覓贊助商，不外乎走遍學校附近的店家，和老闆聊聊天，或是請一些熟識的店家幫忙捐贈一些資金，而學生們能做的回報，大概就是在學校幫忙宣傳一下這間店，進階一點做個海報宣傳推廣一下這間優良店家，或是在收到零用錢的時候，找機會去光顧一下。

到了社會上找贊助商，可不是像是和街坊鄰居聊聊天那樣就能搞定的，一般來說，你必須要先準備好一份活動企劃書，這裡面描述了這場活動的細節，包括活動的主題、目標、預計參加人數、活動地點與時間等。

有鑑於招贊助這件事情的基本功就是要準備好一份活動企劃書，而這件事對於沒什麼經驗的活動總召來說，是具有一定程度的困難度的，當時的我也是摸索許久，才弄出一份稍微像樣一點的活動企畫書，並靠它來招贊助商。

也不擔心經驗豐富的前輩們嗑瓜子看戲，就讓我們來看看當時我的活動企劃書內容，分享當初我在籌備活動的時候，是如何製作出一份活動企劃書，以及裡面包含了哪些內容。

⭐ 招贊助企劃書

有些事說在前頭，這裡會出現一些可能是真實的數據和資料，但這也有可能是我為了保護隱私而假裝的數據和資料，請大家見諒。

我想應該有許多人跟我一樣，第一次辦活動時被要求做一份活動企劃書時，簡直是一個頭兩個大，一點頭緒也沒有。在經過搜尋引擎的幫忙，以及前輩們的指導，陸陸續續將一份社群活動企劃書生了出來。

「專案開始之初，首重看見全貌」這是 Ruddy 老師常說的一句話，也是影響我多次的一段話，好幾次在思考專案架構或解決方案的時候，都引領我往更清晰的方向前進。為了讓大家更容易了解我們所製作的活動企劃書，這本企畫書同時也是我們用在招募贊助商時提案使用的，就讓我們先來看看整份活動企劃書的全貌吧。

圖 11-1　.NET Conf Taiwan 2020 活動企劃書全貌

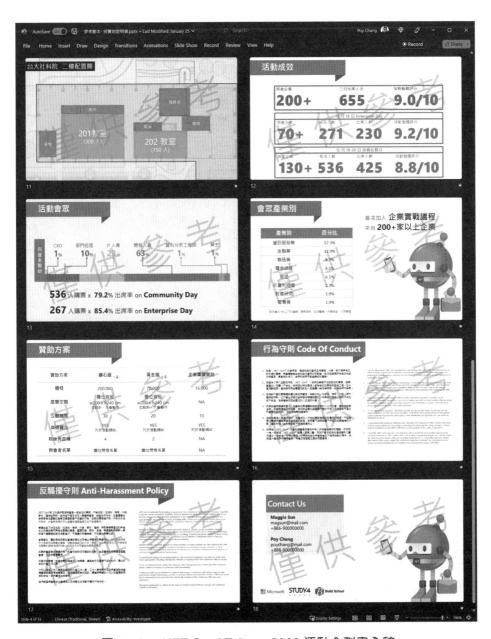

圖 11-2 .NET Conf Taiwan 2020 活動企劃書全貌

基本上，整份企劃書的內容架構可以分成以下幾個部分：

1. 介紹活動

2. 介紹主辦方

3. 過去的活動經驗

4. 這次活動的議程安排

5. 活動位置

6. 參加會眾人數、屬性、產業別

7. 贊助方案

8. 活動的行為守則

9. 聯絡方式

每一個段落都可以各自再做進一步的延伸，端看是要用在哪個場合。例如在向場地方提案使用方式時，會針對空間的使用規劃做更清楚的標示及說明，除了將攤位或是活動所需的配置標註出來外，會需要用到哪些設備、器具、用途也會進一步說明，讓場地方能清楚明白活動的呈現方式。又例如在做招募贊助商的時候，關注的重點會放在會眾組成以及贊助方案上，這時就可以針對關鍵資訊做細部展開，讓說明更加完整。

回到企劃書第一頁，首頁當然是需要一個美美的封面，讓大家賞心悅目一番，只是在美美的封面中還是有些重點資訊要表現到位，像是這次活動的名稱、時間、地點、主要主辦單位等資訊，最好標註清楚，讓閱讀者看到這份企劃書，馬上就可以知道這本企畫書是做什麼用的，以及來自哪個單位，要做什麼事。這就像寫電子郵件一樣，要先寫好主旨，才能讓對方知道這封信是要做什麼用的。

接著在活動企畫書中，做主辦單位的介紹是很重要的，因為它可以向這份企劃書的潛在的合作夥伴介紹主辦單位的背景、經驗和專長。說明主辦單位在活動組織方面的經驗和專業知識，讓合作夥伴對主辦單位的能力有信心。這段落一方面能讓對方初步認識你們是誰，二方面可以帶出過去籌備活動的經驗，讓對方對你有更進一步的興趣，並藉此讓對方相信我們的經驗值。特別是在接洽贊助商的時候，過去的經歷代表著信任感的基石，呈現豐富且具有代表性的籌備經驗，會為這本企畫書加分不少。

以技術年會來說，活動的大重點就是議程安排，在企畫書中撰寫這個段落時，有幾個重點需要考慮。

1. **議程表**：一份活動的進行時間表是必要的，明確的規劃各個議程，並且呈現出該時段的目的，例如是要做議程分享、交流、閃電秀或是工作坊等

2. **時間安排**：議程的時間規劃可能會有長短之分，考慮各項議程之間的換場問題，甚至可以安排兩場下午茶時間達到分流會眾，負載平衡

3. **活動主軸**：主軸的訂定會影響議程的內容以及活動的內容方向，也會決定會眾的組成，這對於合作夥伴來說是個關鍵資訊

4. **活動日期**：活動最基本也最重要的資訊，是否在最佳的時間舉行活動，會影響到會眾的參與度

5. **活動地點**：跟活動日期一樣是最基本且重要的資訊，地點影響活動的容量、交通和配套設施，這也直接影響到會眾的參與度

在這裡討論到了日期和地點是活動的基本關鍵資訊，這也是會影響到會眾參與度的要素之一。在活動具體發生的日期，若能在沒有其他抗性的時間舉行，避免各種檔期問題，就會更容易吸引到參與者。當活動和不可抗性的事件相撞時，會是非常吃虧的。例如在籌備 .NET Conf Taiwan 2020

的時候，活動日期訂在 12 月，這個日期早在 3 個月前就已經喬定了，但後來原定 8 月 28 日舉行之公民投票，因受 COVID-19 疫情影響，在 10 月份的時候臨時宣布改於 12 月 18 日投票，直接和我們的活動強碰，造成不少學員困擾。

在企畫書中說明地點的選擇是一個重要項目，選擇一個符合期待的活動場地，能提升活動的品質。在過去我們會聽到有些學員會抱怨，場地動線規劃不夠好，往來交通不便，甚至場地腹地不足等因素，讓學員認為活動的體驗蒙上一層陰影，相當可惜。在選擇場地的時候可能會需要因應特殊狀況而做選擇，例如在疫情趨緩的時候，為避免造成學校學生的困惱（畢竟我們是不特定外校人士）以及活動會眾的風險，選用防疫設備及配套完善的商業空間，拉高防疫等級來進行活動。在活動企劃書呈現這些關於場地選用的說明，能表現出主辦方對此活動的用心程度。

對於贊助商來說，會眾的組成是最希望能在活動企畫書中看到的關鍵資訊，一般來說，贊助商對於活動贊助的背後通常會有一些基本需求，可能是需要推廣產品與服務，或是要進行人才招募，而這些需求的背後都需要一個關鍵指標 TA（Target Audience），也就是預期中想傳達資訊的對象。因此，呈現以往報名參與活動的會眾組成，這對於贊助商來說是個相當重要的分析資訊。

關於會眾的基本屬性，我們可以在設計報名表單的時候，請學員提供。往後在準備 TA 這項資訊的時候，就可以針對以下幾個基本要素來做分析，來提供會眾組成的資訊。

1.　教育背景

2.　職業分布

3.　產業別

4. 報名人數

5. 出席率

教育背景、職業分布和產業別，能夠讓贊助商更了解活動的參與者，進而針對不同的參與者做不同的推廣策略。當需要預估活動的報名人數時，藉由統計過去活動的會眾人數，可以更好的進行判斷未來活動的可能人數。至於出席率則是一個指標，能夠讓贊助商了解活動的參與者對於活動的實際參與度以及熱情程度。除非是天災人禍不可抗拒的因素，或是個人突發事件，假若熱情足夠，即便是颱風下雨、失戀宿醉，對活動抱有足夠熱情及動力的學員，是會想盡辦法來參加活動的。

有了這些資訊提供給贊助商做分析後，決定是否要贊助活動，因此接下來，就是招募贊助的重點橋段，要選擇哪個贊助方案。

在設計贊助方案的時候，除了要規劃贊助等級，相關的贊助金額、贊助商的曝光機會以及提供給贊助商的優惠，都需要盡可能的展示，這就像飲料背後的營養成分表，要讓選擇的人知道自己的權益。關於贊助的營養成分表的內容，可以參考下面幾個方向。

1. **品牌露出**：在活動現場、議程投影片、宣傳品、網站，甚至活動紀念品上做贊助商品牌的曝光

2. **活動攤位**：在活動現場設置贊助商攤位，提供產品或服務展示需求，或是進行人才招募活動

3. **網站廣告**：在活動官方網站上顯示贊助商介紹，也可以進一步擴展到粉絲專業上的贊助商介紹文

4. **公關贈票**：提供贊助商的員工或客戶免費參加活動

5. **會眾名單**：提供活動參與者的名單給贊助商，以便進行後續的行銷活動

6. **贊助議程**：提供議程主題或內容，由講者分享帶有贊助商特色且符合活動主軸的議題

關於比較常遇到延伸需求的項目是活動攤位，這部分除了要提供攤位空間的大小規劃外，還要考慮攤位的設計，例如是否有攤位背板、背板的設計樣式、輸出等問題，甚至攤位的水電等設備問題，這些都是需要另外深度討論的事項。尤其是電力的問題，由於要在攤位上提供電力，通常需要額外拉電做線路配置，這部分除了費用問題外，場地方的配合、安全的問題都是需要考慮進去的。

比較敏感的項目，會眾名單，這是經常被關注的問題，因為這是活動參與者的個人資料，所以需要特別注意隱私問題。據我所知，很早期的活動可能會直接把這項資訊提供給活動贊助商，但這幾年下來不僅是會眾，主辦單位本身也對個人資料的保護越來越注重，因此是不會直接提供這項資訊。沒有這項會眾聯絡資訊對贊助商來說，其實是影響很大的，因為這將對活動後續的行銷造成問題。

不過總是會有解決方案的，例如可以請贊助商在攤位上舉辦問卷活動，藉由讓會眾自己填寫問卷來獲得聯絡資訊，這樣就可以達到贊助商的需求，主辦單位則不會直接提供會眾的聯絡資訊。另外也可以透過在活動現場進行抽獎活動，獲得會眾相關的連絡資訊。

對於主辦單位來說，後續也是有可能需要再行銷相關的活動，為了尊重每一位報名學員的隱私權，可以在活動報名表單或是活動問卷中加上隱私權聲明，例如在活動問卷中可以在開頭就加上以下這段訊息：

隱私權聲明：感謝您填寫此問卷。本活動將蒐集您在本問卷（或隨本問卷檢附之名片）所提供之個人資料（包括姓名、職稱、任職公司、電子郵件信箱），予以處理、利用或進行國際傳輸，於台灣不定期但持續為您提供產品、服務、技術、活動或研討會相關訊息、製作客戶名單或進行統計分析或市場調查。未經您的許可，不會將您的個人資訊與第三人分享，除非係為完成您所請求的服務或交易所必要或法律要求者。有關您於本問卷提供之個人資料，您得請求查詢、閱覽、製給複本、補充、更正、停止蒐集／處理／利用、或刪除。

這段聲明相當重要，而且真的會有人詳閱後行使權利。曾經有一位學員在活動結束後，主動來信要求刪除他的個人資料，這時候主辦單位就必須要對他的個人資料進行刪除，身為主辦單位，務必詳實做好後續的動作，這樣才能保證會眾的隱私權。

回到活動計畫書的最後幾頁，會發現這裡我加上一項少見的內容，行為守則。這是這幾年在國際或大型研討會中經常會看到的一些內容，主要目的在於讓每一位成員，包含學員、講師、主辦單位、工作人員，都在彼此尊重且真誠相待的行為準則中進行活動，甚至對於不同性別、種族、宗教等意向的尊重。因此在活動企劃書以及官方網站上，會特別展示我們對這方面的重視，期望與會者在大會場合以及相關社交活動中遵守行為守則。

不是要徒增這本書的內容，而是因為有朋友在籌備研討會活動時，曾經遇到相關議題的不愉快經驗，這也讓我對這件事情的重視度增加了不少，所以這裡將每次舉辦 NET Conf 年會都會陳述的行為守則以及反騷擾守則，直接附在這裡，讓有需要這類資訊的大家參考。

行為守則 Code Of Conduct

1. 我是 .NET Conf 的參與者，透過和其他會眾互相學習、分享，努力提昇自己和所處的產業。與會體驗是由我和其他會眾共同創造。我已經準備好為自己和其他與會者，貢獻我的活力、參與和感受來創造最好的體驗。

2. 我是為了與人互動而來到 .NET Conf。我明白具暗示性或貶抑的圖像、言語會冒犯人而讓人不自在。我同時也明白每個人都有自己的禁忌和敏感之處。在大會活動期間，當被告知某些事冒犯到別人或是讓人無法接受時，我將無條件接受。

3. 我絕對不會故意騷擾或冒犯其他與會者，無論性別、性傾向、殘疾、外貌、身材、種族或宗教，也不會坐視其他參與者被騷擾或冒犯。如果我知道有人感到不自在或不安全，我將會告知那些冒犯的人並通知大會。

4. 如果我遭受騷擾或冒犯，我會告知身邊讓我有安全感的人以及大會。當我感到安全時，我會根據自己的判斷，告知那些冒犯者具體不當的行為，並希望對方是出於善意和無知的，但我沒有義務這樣做。

5. 我明白每個人都是不同的，我會視他人行為的真誠程度採取寬恕的態度。不過首要之事是保護我與其他參與者的安全。我將毫不猶服或毫不保留地採舉這樣的行動，直到所有人對於安全都不再有疑慮為止。

6. 我相信 .NET Conf 大會和與會者將會為所有人共同營造最好的體驗，如同我一樣。我相信 .NET Conf 能讓人更具力量，而我不會忘記我在這裡獲取力量來建立一個安全、成長的環境。如果我或其他與會者違反了這個活動的精神，我期望大會挺身保護與會者，將違反者驅離並連絡相關當局。

反騷擾守則 Anti-Harassment Policy

.NET Conf 致力於提供每個與會者一個自在的環境，不論性別、性傾向、殘疾、外貌、身材、種族或宗教。我們絕不容忍任何人騷擾與會者，無論任何形式。在會議場地使用帶有性意圖的言語及圖像都是不恰當的行為，包括在議程進行時。與會者若違反規定，大會將視情況予以處置或驅離會場並且不退還費用。

騷擾包含了涉及性別、性傾向、殘疾、外貌、身材、種族、宗教等語帶冒犯的評論；在公共場合展示帶有性意圖的圖像；蓄意恐嚇、跟蹤、尾隨、騷擾攝影與錄影人員；持續干擾議程或其他活動進行；不適當的肢體接觸；不恰當地展露性感。

參展單位、贊助商或廠商在會場或攤位也同樣必須遵守反騷擾守則，特別是參展單位不得使用性意圖的圖像、活動或是其他的方式。攤位工作人員（包含志工）不得使用性意圖的服裝／制服／扮裝，或其他方式來營造性意圖的環境。

如果與會者發生騷擾行為，大會可採取任何適合的行動，包含警告或將騷擾者驅離會場，並且不退還費用。

如果你被騷擾，或是注意到有其他人被騷擾，還是有任何覺得不妥的地方，請立即告知大會工作人員。

你可以透過工作人員識別證找到大會工作人員。工作人員將樂於協助與會者聯絡會場警衛或是法律相關單位，提供護送或其他協助，讓遭受騷擾的人可以在會議期間感到安全。我們重視你的參與。

我們期望與會者在大會場合以及相關社交活動中遵守行為守則。

備註

https://s.poychang.net/sample-sponsorship-prospectus，這裡有完整的內容還會附上英文版，畢竟我們籌備的是眾所矚目的大型研討會，肯定會有來自世界各地的參與者，你說是吧。

計劃書的最後一頁記得留下聯絡方式，這樣收到這份計畫書的人才永遠會記得他該連絡誰。

這裡分享一個小故事，在十多年前從憲兵退伍之後，曾經和幾位朋友一起在做建築相關的工作，當時我有位當兵的同袍家裡剛好想要改建辦公室，又聽聞我們在處理建築相關的事務，便邀請我們去提案，看看有沒有機會合作。熟識朋友的案子當然要盡心盡力，我們研究了基地位置，繪製了建築設計圖，刻好了 3D 模型，渲染了虛擬導覽的動畫，製作了 1:500 建築模型，詳盡的企劃書當然也不會少，但是企劃書中卻忘記附上聯絡方式，就從此沒了下文，直到兩年後的同袍聚餐，和同袍聊到此事才發現這

致命的失誤，同袍還說當時負責人要找那份精美簡報是誰做的，竟然完全找不到一點點蛛絲馬跡。如果當年我有記得在企畫書最後附上聯絡資訊，可能就不會在這邊籌備活動，而是在籌備蓋某棟大樓了。

11.2 熱血與夥伴

其實這篇章在上一個章節都講得差不多了，要尋求贊助商的過程是相當耗費精力的，事前要準備企劃，事後要準備結案報告，每一分錢都得來不易。雖然大部分的時候，在講贊助商這個環節時都會比較利益導向，畢竟是有求於人，所以要想辦法創造一些互利關係，不過還是會遇到一些贊助商是不以利益為導向的。

⭐ 熱血型

不得不提，有些贊助商真的是很熱血支持社群舉辦活動，基本上，他們不會要求你提供什麼回報，什麼攤位、贈票什麼的都不所求，甚至默默無語地暗中推你一把。你可能會覺得，怎麼可能甚麼事情都沒做，就有贊助商對你這麼好。的確，不可能什麼都沒做，就有贊助商捧著資源來給你用。過程中你至少要做一件事，說出來。想要幫忙卻又不說出來，沒有人會知道你需要什麼協助對吧。

回頭來看，這就有點像是秘密那本書所提的，吸引力法則。過程中所發生的一切，也許就是來自於我們心中的念，這一切被這個念所所吸引而來，將念說出來，也就具現化了念。忽然覺得自己變成了獵人（HUNTER×HUNTER）。

其實許多公司是有意願提供社群一些資源來辦活動的，舉例來說，有些公司會無償提供場地、有些公司會贊助飲料和食物、有些公司會提供票務平台的系統服務。這裡我不得不讚揚 KKTIX 的優質平台，贊助我們辦活動所需要的報名平台，讓我們可以輕鬆處理報名表單、購票服務、活動通知、甚至提前提領部分款項的服務，特別是提前提領的服務。一般來說，票務平台都是在活動結束之後才能申請提領款項，因此在活動結束之前，社群必須代墊許多款項，包含場地費。要預先支付活動所需的大筆款項，那個經濟壓力其實滿大的，KKTIX 的這項服務，完全化解了社群舉辦大型活動的現實壓力。

所以如果你有需要，就說出來，這樣你的需求才有機會被滿足。

你應該還會有一個問題，不知道要找誰說，對吧。這問題我無法明確給你回應，不過如果你有心辦活動，多和社群的成員交流，我想吸引力法則不會讓你失望的。

若要追根究柢，贊助商的背後應該還是會有某個原因驅動他們這樣貢獻吧。的確，畢竟天下沒有白吃的午餐。不過常聽見的背後驅動力是，「取之於社群，回饋於社群」，這樣的想法。社群的本質是交流，不論是技術上還是人脈上，而這樣的交流隨之而來的便是促進人才和技術的流動。

當人才在社群所舉辦的某場活動，或是受到某些社群成員的影響，進而找到了工作甚至找到了夥伴開創新事業，對於轉職的人或是需要人才的公司來說，都是一件好事。對於技術社群來說，技術也因此在各家公司中流動，互相交流，甚至砥礪成更優秀的技術解決方案。如此一來，對於受益的潛在贊助商來說，社群就是滋養公司技術能力的最佳平台，可以讓他們在社群中找到夥伴、人才、以及技術。

像這類型的熱血贊助商，許多是來自於新創公司。也不是說大型公司就不熱血，而是大公司會有比較多的繁文縟節需要處理，比較難像新創公司那樣，說支持就隨時隨地都能夠支持社群搞活動。新創公司的熱血，通常是來自於創辦人或是創辦人的夥伴，可能他們本來就來自社群，會跟社群有較深的連結，因此都相當樂於贊助社群活動。

以我們社群來說，經常受惠於環安衛管理的新創公司，威煦軟體開發的熱血支持。在我們還微不足道的時候，就經常協助我們舉辦活動，不論是提供資金的贊助，或是讓他們團隊中的技術架構師來活動分享，讓我們的社群更加活躍。

除此之外，你可能曾經注意到活動的贊助商名單上，出現一些不太熟悉的組織名稱，而在整場活動中除了贊助名單上，卻又不見其他蹤跡，這些贊助商有可能就是像熱血型贊助商一樣，默默的在活動的四周以他們能力所及的方式，協助社群舉辦活動。

⭐ 夥伴型

還有一種我稱之為夥伴型贊助商，這類型的贊助商通常來自於大公司的某個部門或團隊的技術領導者。有些技術領導者自己本身就喜歡在技術社群中溜搭，也會時不時站上社群活動的舞台上分享新技術和新思維，這些技術領導者通常擁有非常扎實的技術知識和實踐經驗，因此他們在社群活動中的分享和交流是非常有價值且非常寶貴的，畢竟來自於真實技術戰場的經驗值是非常得來不易，而這也有助於提高社群的整體技術水平。

我們所遇到的這些來自公司的技術領導者，都非常重視社群的發展，也很樂於支持社群活動，因為他們認為這些技術分享活動除了對社群的發展有幫助，對於自己的團隊來說，也有機會因此而獲得更多面向的提升。

因為有這樣的技術領導者存在，所以技術社群有機會和大公司一同合作，共同提升社群與業界的技術氛圍。在 2020 年的時候，已經是好幾年的活動贊助商也是好夥伴，91APP，舉辦了第一屆 91APP TechDay，在這場技術活動中分享自身電商技術的技術架構秘密與敏捷開發的心法，讓我們的社群更加了解電商技術的發展與未來的趨勢。這場活動相當有趣，有雙軌的議程，還有貫徹電商最關注的 OMO 虛實融合，也就是線上線下同步參與技術分享活動，這種虛實融合的活動交由熟捻於電子商務的 91APP 來操作，別有一番風味與樂趣。線上線下都有著滿滿的交流與友善體驗。在活動推廣的過程中，雙方活動小編也在互相交流，讓技術活動呈現不同的面貌。

圖 11-3　STUDY4 到 91APP TechDay 活動中共同推廣
.NET Conf 社群活動

圖 11-4 .NET Conf Taiwan 與 91APP 共同合作推出企業實戰議程

同年在 .NET Conf 年會中，我們社群更和 91APP 一同籌備了有別於過去研討會的內容，推出了企業實戰議程，設計一連串專屬的技術議程，深度分享企業在營運的過程中所接觸到的技術問題，並且是真實在技術戰場上所面對的挑戰。

我到現在還記得當時的教室畫面，可以容納 300 人的階梯教室，不僅位子坐滿，走道坐滿，出入口站滿，門外還有人引領期盼，期盼聽到一點溢出門外的精彩內容。對於社群來說，這是我們第一次與企業如此深度合作，專屬的議程規劃，協同活動行銷，現場攤位的熱鬧活動，因為有 91APP 這樣的夥伴贊助商，才讓我們社群的活動內容有別於以往的更加豐富，也得到超多學員的一致好評。

說是夥伴就想必會有合作，有合作就需要溝通，有溝通就有可能事與願違，但沒有發生在我們身上。

在共同合作之前，其實我們也曾擔心會因為社群的力量不足，造成活動主軸的偏移，畢竟在和大型公司合作時，方向很有可能會偏往資源、能量比較強的一方來主導，社群因此失去說話的力量，這點是需要特別注意的。但是在和 91APP 合作的過程中，我們發現，91APP 的夥伴們都是非常熱情的，他們對於社群的活動也是非常關注的，也非常願意和社群一同合作，彼此的溝通也是非常順暢，因此最終的活動成果比原本預期的還有精彩。

贊助商通常會提供更廣泛的支援，包括資金、物資、人力、場地、設備等等，但是這些支援都是有條件的，因為贊助商的支援是有成本的，而且他們也希望能夠獲得一些回報，因此在合作時，我們社群也會和贊助商討論，我們社群能夠提供什麼樣的回報，以及如何提供，這樣才能夠達成雙贏的局面。

熱血與夥伴型的贊助商，會積極參與活動的組織和籌備，提供更全面的支援，希望能夠透過活動共同實現彼此的理想。要找到如此深度契合的贊助商並不容易，通常必須要和活動組織在長期接觸並建立良好的關係，彼此對活動的主軸、目標和運作方式有著共同的認知和看法，這樣的關係才有機會發生。

⭐ 學員

最後還有一種贊助商，就是購票參加活動的每一位學員。因為他們選擇購票參加活動，這不僅為活動提供了執行所需要的資金，實質的通過購票的方式對活動進行了貢獻，使得活動得以順利舉辦。而且學員的參與可以讓活動的氣氛更加熱鬧，並且為活動中的彼此提供了更多的觀眾，使得活動變得更生動，更富有魅力，豐富了活動的呈現。

如果仔細盤點贊助商和學員兩者的需求對應，會發現學員和贊助商的本質相當接近。

	贊助商	學員
目標	在活動中獲得曝光，提升品牌知名度	在活動中獲得知識，提升自身能力
需求	品牌曝光、攤位空間	技術交流、議程內容
贊助	資金、物資、人力的方式贊助	以金錢購票的方式贊助
結案	活動成效報告	議程投影片及活動照片

基本上，贊助商與學員除了是為了自己的目標而來參加活動，也期待活動的內容能實質的實現他們的期待，兩者即便是使用不同的方式，但也都對活動提供同樣能幫助活動執行的資源，對於活動結束後的期待也有著相類似的需求。

對於活動來說，接收了來自贊助商和學員的資源，活動組織也會對他們的需求和期待做出調整，讓他們能夠在活動中得到最大的收穫。也因為兩者在活動中的參與，讓活動才能夠更加生動且豐富。況且，如果活動能夠滿足他們的期待，他們對於活動的評價也更加正面，並且學員更有可能在之後參加社群所舉辦的活動，贊助上也更願意捧著大把銀子贊助社群來辦活動，對吧。

圖 11-5　.NET Conf Taiwan 議程投影片範本的最後一頁

　　每次在設計 .NET Conf Taiwan 議程投影片範本的時候，最後一頁我總是會稍微感謝一下每一位贊助過社群的贊助商及夥伴們，同時也特別謝謝每一位參加活動的學員們，活動因為有你們而精彩。

12 行銷前哨戰

首先，要認知一件事，社群活動為甚麼要做行銷，行銷的目的是什麼。以我們非營利的社群來說，行銷社群活動的目的是增加報名人數，讓越多人知道這場活動，進而報名參加，這是主要目的。

每個社群都有自己的經營宗旨，我們認為過度的行銷操作可能會導致整場活動變的商業化，這並不是我們所樂於見的。以我們來說，推廣技術以及促進人們交流是組織活動的理想，為了達成這個目標，適度的執行行銷活動，使活動能獲得能見度，並達成期待的參與規模即可。

12.1 什麼是行銷

4P 是行銷專業中最常聽到的術語之一，所謂的行銷 4P 分別是指 Product（產品）、Price（價格）、Place（地點）和 Promotion（推廣），一場活動要能吸引足夠的學員來報名參加，如何有效地推廣是一門重要的課題。

Promotion（推廣）最簡單的定義就是為了促進消費者購買商品，進而產生以商品為中心的情報傳達活動，並透過推廣活動讓潛在消費者知道商品的存在。

推廣活動可分成以下四類：

1. **廣告**：藉由大眾或私人媒體，傳送特定訊息給每一個人，廣泛地向潛在消費者傳達活動訊息。

2. **公關**：以非直接商品廣告的型態，透過活動、報導等方式傳達活動訊息。

3. **推銷**：個別的、特定的向消費者解說並說服完成交易。

4. **促銷**：彌補其他推廣活動的不足，加強刺激銷售。

社群通常在處理行銷推廣這塊所擁有的資源是相對不足的，必須在受限的經費預算下有效的推廣，因此針對活動特性以及潛在消費者的特徵必須要有更深入的了解，才能發展出有效的推廣。

12.2 推式與拉式策略

有了推廣活動的四大分類基礎認識後，可以再針對他們的特色將其組合成推式策略與拉式策略，分別適用於不同的場景。

推式策略可視為主動出擊尋找潛在消費者，以加強銷售的積極性為主要方針，甚至進行陌生開發，基本上，這樣的策略是直接將決戰點推進到目標消費者的所在地。一般來說，在這樣的行動常用的手法是採用折扣進行促銷，有時面對企業客戶，甚至可以轉化成贊助商的方式來操作。

拉式策略則是以廣告的方式吸引潛在消費者，透過廣告直接告訴目標客群明確的活動資訊，並導向到更多銷售促成物的所在地，刺激消費者買單。拉式策略基本上可視為一種撒網手段，此廣告策略所面對的對象通常是模糊的，因此若能清楚知道目標客群的輪廓，此戰略越容易成功。

12.3 粉絲專頁與社群

在過去舉辦過的活動成果中，能直接讓後續活動受益的就是學員的電子郵件清單，這份清單上的學員都會有個強烈的特徵是，曾經對此技術社群所舉辦的活動感興趣，不過，即便有這強烈的特徵，直接透過此名單來做電子郵件宣傳效果會好嗎？未必。

使用電子郵件宣傳活動的成本非常的低廉，導致個人的信箱都充斥著各式各樣的廣告郵件，這樣的時空背景下，要使用此方法讓這份名單發揮該有的作用，可能會勞而無功。

近年來社交媒體的崛起，讓每個人都擁有多個社交平台的使用習慣，因此在過去的每場活動中，會盡可能地引導學員加入我們經營的 Facebook 粉絲專頁和社群，並透過平日在社交媒體上的互動累積，增加學員對我們社群的熟悉度。同時，日常點滴經營的粉絲專頁和社群，也將成為日後第一波推廣活動的敲門磚。

在社交媒體時代，你的所經營的品牌或是社群本身儼然成為就是一個平台，社群除了是同溫層的彼此取暖，在裡面的參與行為也具有支援大型活動的效應。坊間有數不盡的書在討論如何經營社群媒體，如何讓社群能夠更活躍，讓成員期待你之後的發展。

建立起社交媒體的觀眾群後，互動的關係是維持的關鍵。在 .NET Conf 年會活動過程中，藉由這樣的平台，我們可以在上面公告當前的活動訊息，「提醒大家下午茶來囉、場邊活動進行中」，讓參加活動的成員感受到活動的熱鬧氣氛。

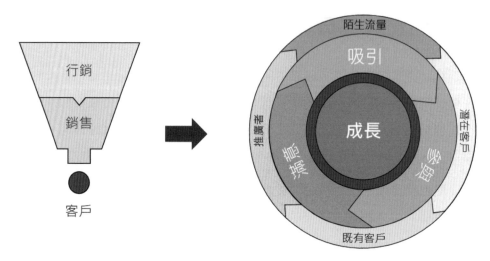

圖 12-1　傳統漏斗式行銷轉型成飛輪模型，能帶動成長循環

　　如同 HubSpot 的 CEO，Brian Halligan 在 2018 年會所宣布的：想要成為有行銷影響力的公司，就要擁抱飛輪模型（Flywheel），讓行銷漏斗（Funnel）成為過去式。社群、活動、粉絲專頁，就是以這樣的模型永續發展。

　　注重每一次和學員互動的機會，讓學員和社群之間產生正向連結，進而吸引新的潛在機會上門，不斷產生動能，持續帶動社群的成長。創造出與成員的交流體驗，可以讓人們持續的關注你的社群，而且在產生互動的過程中，將讓社群裡的連結變的更強、更鞏固。

12.4　無所不在的廣告

　　網路興起的年代，網路不僅是連結了人與人，內容與內容，除此之外，這樣的特性還造就了另一種連結，人與內容。現在只要有網路的地方就有

廣告的存在，廣告供應商也在想辦法盡可能的收集受眾的特徵，以達到精準鎖定，幫忙找到適合特定產品的客群，甚至量身打造屬於你的廣告投放方針，展現活動的獨特價值。

我們過去在 Facebook 經營粉絲專頁和社群累積了一些成果，自然的選擇他作為首要的活動推廣平台，在定義廣告受眾的過程中，也讓我們思考了學員們的可能長相，在下廣告的時候，將受眾特徵定義出來是非常關鍵的，這直接影響到你投放廣告的費用，以及是否能觸及到正確的潛在消費者。

例如這場活動是特定技術類型的活動，我們明白這技術的生態圈是以企業為導向，而且活動的內容不是針對初學者規劃的，因此會來參加此活動的年齡層就是一個值得探討的要素，肯定不會太年輕。

除了受眾特徵需要注意之外，內容的搭配也是相當重要，技術活動吸引開發者目光的重點只有一個，議程主題。如果對活動中的議程主題都不感興趣，那麼會參加活動的機率非常的低，因此在下廣告時所搭配的內容，如果能展現議程主題是非常重要的。

另外，不要擠牙膏式慢慢推出議程主題，最好一到兩次就到位。網路廣告有個重要的特性，分享。如果你所推出的廣告內容能夠讓受眾分享，這比你擴大受眾還來的有意義，透過分享讓廣告在受眾的同溫層中打轉，所產生的有效觸及率是相當有效率的。相較於擠牙膏式的推廣，重磅推出更能吸引受眾按下分享鍵。沒有人會幫你一篇、一篇又一篇相似的廣告文做分享，反觀資訊充足又能快速預覽概要的貼文，往往能獲得青睞。

圖 12-2 豐富圖文挾帶的資訊量，搭配能快速瀏覽的推廣方式，更容易吸引受眾按下分享鍵

在傳播學中有個「廣告波及理論」，在討論訊息傳遞的階段性擴散，也就是當訊息透過大眾媒體傳達出去之後，接收者轉換成傳播者，向更多人擴散訊息。推廣的目的就是要有效的利用大眾傳播和個人傳播的擴散性，廣泛的將訊息傳達給每一個潛在消費者。因此在推廣時期，能否促使接收者分享該貼文，是推廣能否成功的關鍵。

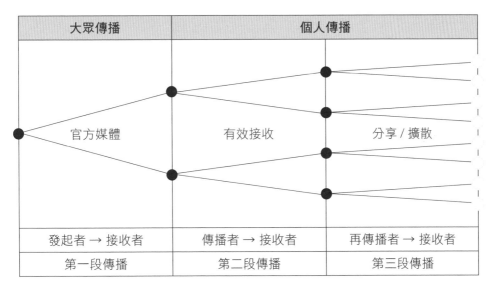

大眾傳播	個人傳播	
官方媒體	有效接收	分享／擴散
發起者 → 接收者	傳播者 → 接收者	再傳播者 → 接收者
第一段傳播	第二段傳播	第三段傳播

圖 12-3　廣告波及理論的擴散示意圖

在推廣 2019 年的活動時，這是我第一次使用 Facebook 投放廣告，而這次的議程推廣僅用了 500 元預算，卻帶來了近 6,500 次觸及人數，相當於 1 塊錢就帶來 1,300 位不重複的潛在學員。成功的關鍵，就在於內容是否能不冗餘的呈現重點，讓接收者快速飽覽期待的資訊。

備註

觸及人數和曝光次數不同，前者為至少看過廣告一次的用戶人數，後者可能包含同一人曾經重複看過同一則廣告多次。

12.5 忘形流的推廣

上述講到在設計廣告時，內容的搭配是相當重要，而呈現的方式同樣也會直接影響到受眾的接受度。要在網路平台上有效地傳達一則資訊量豐富的訊息並不容易，常見的作法有以下 3 種：

1. 文字故事

2. 影音媒體

3. 圖像海報

這幾種作法除了資訊量和接受度有差異之外，製作成本也是需要納入考量的重點。顯而易見的，文字故事型的成本最低，圖像海報相對較高，而影音媒體則是最為耗時費力，不過影音媒體能帶來更充足的沉浸式訊息傳遞。

然而網路上出現另一種變形，俗稱忘形流。這種形式的表現法是以化繁為簡的方式，藉由簡單而凸顯出重點，因此內容往往是由文字與簡單的單色線條組成。傳達的重點不僅是傳達道理，更是其中的情感，用一連串的簡單圖文來釋放邏輯，清楚傳達資訊量豐富的訊息，讓閱讀者能快速獲取資訊，秒懂內容。

由於這種表現方式不需要很強的美術、設計專案，甚至不需要任何專業的設計軟體，使用 PowerPoint 就能輕鬆製成，因此就可以大幅壓低製作成本。

要成功使用這種方式的關鍵在於清晰的故事主軸（資訊），並且像是在閱讀漫畫般，能夠順暢的閱讀（圖文）。

圖 12-4　使用 PowerPoint 製作忘形流的圖文推廣內容

備註

完整的閱讀感受可以至 STUDY4 粉絲專頁體驗，https://www.facebook.com/
Study4.tw/posts/2443274229091789，看完記得追蹤、按讚。

　　對於沒有繪圖天分的我，即便這樣的做法已經降低了美術專業程度，但
製作過程中還是會需要一些圖像素材，然而 PowerPoint 除了能輕鬆完成排
版效果，也內建了許多好用的圖示讓點綴畫面。如果內建的不夠用，推薦

付一些費用訂閱像是 Noun Project、Freepik 或是 Flaticon 這樣的圖庫服務，短期訂閱費用不貴，而且廣大的圖庫絕對足以讓你做出效果精美的作品。

當年會想到用這樣的做法來推廣活動，完全就是被票房以及經費的壓力催生出來的，透過這樣的做法，高效地傳遞訊息以達到設定的目標（沒有錢可以花了）。

12.6 攻入企業

除了使用拉式策略來進行推廣，推式策略也可以同步進行。推式策略是一種主動式的戰略，不同於刊登廣告，被動的等潛在學員上門關心活動資訊，而是直接找到有潛在學員的組織進行突破，積極挖掘機會。

要深入企業做推廣並不容易，你可能需要先認識一兩位朋友是在做人力資源方面的工作，稍微探聽一下他們教育訓練是怎麼進行的。大部分公司的 HR 都會負責處理公司職員的教育訓練，而教育訓練分成兩種，內部訓練和外部訓練。

顧名思義，內部訓練是在公司內部進行，可能聘請外部講師來上課，或是直接由內部培訓出來的講師來分享。這裡出現了一個突破口，如果有機會被邀請到內部進行教育訓練，培訓的過程中稍微提到外面有性質相近的活動，有點像是電視節目上的置入性行銷。或許你會問，這樣會不會有反效果，但只要和單位有溝通好，內容和尺度拿捏好，這樣的訊息對於想要深造的學員也是種幫助。

另一種外部訓練也是相當常見，由公司派人去外面的受訓機構上課，費用由公司買單。這種方式對公司職員來說相當利多，可以學習新東西，還不用付錢，不過實務面會遇到幾個問題。

⭐ 時間

一周有七天，這七天可以分成兩類，工作日和放假日。讓公司職員工作日來參加活動，以公司的角度來看，去參加外部訓練佔用了工作時間，除非有顯著的效益，站在公司營業成本立場，多半會再三思考。如果活動是在假日，公司職員被公司指派休假日出來受訓，情感上會覺得這是工作的延伸。

⭐ 地點

大型活動幾乎都集中在地狹人稠的台北，不過台灣 50 大企業可不是都坐落在台北，要員工長途北上參加受訓活動，這也是種抗性。尤其是兩天以上的活動，如果公司在中南部，要連續多日，每天清晨搭車北上受訓，傍晚時分太陽漸落再趕車回家，很多人都不想這麼做。

⭐ 費用

這點對員工不是問題，頂多就是要記得申請三聯式發票回公司報帳、請款。就公司角度來說，這跟時間的問題差不多，有效益嗎？如果又因為地點偏遠，除了需要曠時費日的移動，過程中的交通成本也要納入考量。

這樣看來要攻入企業來推廣活動，難度真的頗高。

總召小筆記

在籌辦 .NET Conf 年會的時候，關於攻入企業這件事我思考了很多，這的確是一座難以跨越的高牆，但並不是無法克服的。

活動資訊的推廣，不僅是要觸及到可能會來參加的學員，公司的 HR 也是同等重要，大部分的時候，公司 HR 是不會關注技術社群的活動，除非你主動通知，這時候有 HR 朋友的你就有機會突破同溫層了。

公司外部訓練通常會編列年度預算，讓公司職員能持續學習保持競爭力，而這任務通常就是 HR 的職責，因此有些 HR 會主動向相關單位提出外訓資訊，推動職員進修。如果地點偏遠，甚至還會提供外宿費用，讓參加活動的員工不用舟車勞頓的南遷北上。

我有幸認識幾位 HR，並且公司願意提供這樣的外訓福利，從此之後，當我看到朋友在看求職網站時，還會特別提醒該公司是否有這樣的公司福利。持續學習不是口號，也不該是單方向的一廂情願，而是雙方的兩情相悅。

12.7 用活動推廣活動

另一種宣傳活動的方式，就是直接來一場活動。

有天在看「誰是接班人：ONE Championship」電視影集，這是一部結合體能和商業挑戰的真人實境節目，裡面的合作與競爭這裡就不多作介紹了。劇中有段情節是才華橫溢的接班人們必須為一系列高檔電競背包策畫產品發表的宣傳活動，兩個隊伍必須製作出引人注目的企劃。其中一支隊伍是這樣做 Pitch：

「整個活動將分成四個階段，首先是媒體熱議，同時準備第二階段的 Everyday Champions，這是將挑選出的 10 支冠軍隊伍分成兩隊 5 對 5，並送分別送他們到杭州和洛杉磯進行跨地區的虛擬比賽，一天一場賽事一隊冠軍…」

一天一場，虛擬賽事，媒體熱議，這作法感覺有點搞頭。

一場技術年會的推廣期少則三個月多則半年以上，要達到具有長期效果的推廣，一個宣傳手段是不夠的。不過要設計多個推廣手段是相當消耗人力資源的，有沒有一種方式可以重複的使用，好似程式碼模組化一樣，在一個專案中重複被使用？推廣活動的活動應運而生。

要設計這樣的活動，內容是相對比較難處理的部份，因此我們設定成不設限活動主題，內容交由學富五車的講師，藉由講師口袋中的錦囊妙計來和大家分享。而我們也預計每個月辦一場這種小型活動，直到年會前一個月，這樣除了讓活動宣傳能持續進行，同時也讓許久沒有相聚的社群好友們有機會互動。

> **總召小筆記**
>
> 在 2021 年的 .NET Conf 年會開始之前，我們連續 6 個月辦了 6 場社群線上小聚，原本想讓講師輕鬆分享，沒想到每場小聚都非常有料，從技術到實務，從工具到雲端，甚至連架構設計的養成心法都出現了，欽佩社群講師信手捻來的分享實力。
>
> 除了自己辦活動來推廣活動，當然也可以到別人主辦的活動中吸點光。當時為了增加 .NET Conf 年會的曝光度，除了請其他社群的朋友幫忙在活動進行中安排一點時間介紹，我甚至到別人的活動中，直接分享一場議程，過程中在帶點工商時間。這種不是在自家活動作推廣的做法，務必要和主辦單位達成共識，避免不必要的問題產生。
>
> 大部分的時候，社群活動都是屬於互利共生的狀態，藉由彼此互相幫忙，互相站台，讓彼此的社群與活動能變得更加精彩。自己的力量有限，團體的力量加倍。

12.8 推廣行事曆

行銷不是多多益善，即便有這麼多種行銷推廣的手法，不是每一種都需要做。不過使用不同的行銷管道來做推廣是有其必要性的，每一種管道都有他獨特的受眾，像是在 Facebook 上的粉絲專頁，明顯是針對已經認識

你的受眾做推廣，在媒體廣告上放置橫幅廣告則可能接觸到還不認識你的受眾。

　　掌握多種管道的推廣時間點和效期也是相當重要的課題，如同先前有提到媒體熱議這個術語，要形成熱議的效果，不外乎兩種方式：一次來一個成功的歐印（all in），如同核彈級的爆發，讓所有人不注意到你都難。另一種則是，持續地維持話題溫熱程度，讓大家不會在短時間忘記這件事。

　　一般來說推廣的規劃上都會選擇後者，小而持續，多而不雜的推廣。

　　因此在規劃行銷的路上，勢必需要一張行銷行事曆，記錄什麼時候在哪個管道做了怎樣的推廣活動。一方面幫助我們控制預算，二方面掌握哪裡已經釋出了哪些資訊，甚至藉此可以引導大家到最優先發布訊息的管道，或是營造出這個管道是 Premium 等級的，引導大家來查看這個管道。

圖 12-5　透過推廣行事曆清楚掌握曾在媒體管道進行的推廣內容

總召小筆記

營造 Premium 等級的推廣管道目前是一個實驗性的想法，在 2020 年的 .NET Conf 場邊活動，推出了「捕獲大神」LINE Bot 活動，這個場邊活動除了能帶來活動現場的趣味性，還能讓活動尾聲的抽獎更加貼近現場狀況，而這個場邊活動的成果就是一組 LINE 討論群組。這個討論群組在那年活動結束之後，基本上已經沒有更多特殊用途，因此不時會有人退出群組是很正常的。在 2021 年的 .NET Conf 活動開跑時，為了嘗試轉化過去的學員來報名該年度的活動，優先在這個群組釋出活動訊息，特別是限量早鳥票價的資訊，讓過去曾經報名參加的學員有被禮遇的感覺。

這作法像是以前使用老客戶的電子郵件清單來發送再行銷的訊息，只是管道換到 LINE 群組中。但是兩者有一點很大的差別，就是當初報名的電子郵件可能不是參與活動的本人，而 LINE 群組上的人，卻是曾經積極參加場邊活動的人，因此對於活動的參與程度是比老客戶電子郵件清單來的高。

面對這群積極參與活動的人，提供 Premium 等級的訊息，不僅是要感謝他們過去的報名，更是用獨家的訊息來回饋他們。

關於行銷文案和宣傳圖，過去我們會需要絞盡腦汁思考，也要找一些有美感的設計師幫忙繪製宣傳圖，在接下來的人工智慧時代，許多 AI工具可以幫上很多忙。例如使用由 OpenAI 所開發的 ChatGPT 生成式AI 模型，你只要跟他說你需要產生什麼情境的行銷文案，他就可以幫你產生出來，而且內容還有模有樣的。在基於所產出的內容作細修，輕輕鬆鬆完成基本要求。宣傳圖的部分則可以使用 Midjourney，透過這項 AI 繪圖工具來輕鬆建立獨特的插圖，幫助你您快速生成富有創意的宣傳圖。

當然，這些生成式 AI 的工具還是有它的侷限性，所生成的結果還是需要我們做審查、校閱等動作。而且目前這些 AI工具，尤其是像Midjourney 這類的 AI 繪圖服務，所產生的圖像有可能有著作權的爭議，即便目前為止沒有明確的法令規範，但藉由這樣的服務產生容易和設計師對焦的半成品，也是相當方便的一件事。

13 親愛的講師

在接下 .NET Conf Taiwan 2019 的活動總召之後的某一天，我們正思考要找那些講師來活動中分享，就在這個時候，剛好有一場聚餐可以一次和許多社群大神們吃飯，可以藉此機會了解一下社群大神們有沒有時間來活動分享。過程中很幸運地得到許多前輩的支持，願意來活動中分享手邊接觸到的新技術與經驗，同時也得到了許多鼓勵，這些都讓我更有底氣得籌備活動。

在這場聚會中，有位社群前輩和我私聊時提醒了我一些舉辦活動的注意事項，身為總召要特別注意，活動的成功不單單是少數人的組織功勞，學員、講師、工作人員都扮演者功不可沒的重要角色，沒有這些各司其職的夥伴（沒錯，學員也是活動中的夥伴），活動是不可能將精彩。

社群活動如果沒有學員，整場活動就沒有意義，倘若沒有講師，活動也失去了探索知識的核心。講師是技術社群活動中不可或缺的一環。他們是學員學習和探索知識的來源，一位出色的講師可以帶領學員快速掌握新技術，甚至引領學員往更深的知識探索，而一位不合適的講師，也會直接影響活動的品質。

然而，一位優秀的講師需要具備的特質相當多，其中包括：專業知識、表達能力、實際經驗以及對該技術領域的熱情，以便能夠將他們的知識和經驗分享給學員，幫助他們更深入地了解這個領域。如果講師再擁有一些教學經驗，能清晰且明確的表達他們的想法和知識，用有系統的方式分享

議程內容，讓學員能夠很容易的理解，如此一來，這位講師所準備的內容絕對精采可期。

由於講師是技術社群活動的關鍵，這角色不僅是要傳遞知識，還要引領學員進入技術領域，只不過這樣的講師如同風中之燭，不容易找到。這裡有幾種方法可以幫助我們尋找合適的講師：

1. **公開演講**，經常在公開場合分享技術的講師，基本上都有相當深厚的能力，確認講師的技術線適合活動主軸後，藉由邀請的方式，請他們成為活動的講師

2. **公開徵稿**，在社群中展開徵稿活動，讓熱血或是想站上講台試試看的新鮮講師，有管道可以發揮他們的才華

3. **技術社群**，在社群內其實暗藏很多高手，只是較少在公開場合展示拳腳，藉由與技術社群成員交流時，適時用左手輔助推他們入坑，往往能找到璞玉

4. **網絡拓展**，利用人際關係尋找對技術領域感興趣且具備相關實戰經驗的人，這樣的人即便沒有教學經驗，但往往憑藉著熱情和親身經歷就能提供高品質的議程內容

5. **閃電種子**，閃電秀是一種 5-10 分鐘的簡短演講，這種演講的特點是簡短、有趣、有價值，可以藉此挖掘出有潛力成為議程講者的講師

在尋找講師時，重要的是要確保他們能夠提供符合活動主軸，並且能符合學員期待的高品質的內容，講師不僅代表著活動的品質，更是活動與學員之間的橋樑。

13.1 講師的名聲

以活動籌備的角度來看，講師的名聲對於活動有著不可忽視的影響，一位頗具知名度且享有盛譽的講師，往往可以幫活動吸引到大量的粉絲來報名參加，這有助於活動的成功舉辦。

講師的名聲的背後，往往也代表著該講師有一定程度的專業技能、表達技巧，能不能把艱深的技術內容簡單化，用婦孺皆知的方式表達。有吸收才有療效，能讓學員充分了解講師所分享的技術內容，花幾十分鐘坐在台下聽講才有意義，這也是為什麼講師的名聲總是被視為該議程值不值得聽的重要指標之一。

倒不是說非得要很有名的講師才能出來分享，有時候新鮮的講師，能為活動和學員帶來不一樣的體驗。事實上，新鮮講師對活動可以帶來很多好處。首先，他們通常擁有不一樣的技術知識和實踐經驗，可以幫助活動的學員了解不同情境下所產生的發展趨勢。其次，他們對技術的熱忱普遍很高，可以帶來更有趣的學習體驗。對於社群來說，讓學員有機會接觸到新的知識，同時挖掘出有潛力的講師，這也是活動的一個重要目標。

對於議程內容來說，可以分成基礎、進階和實戰類型，每種內容所涵蓋的技術量各不相同，但在相同的內容交由不同等級的講師來分享，呈現出來的效果完全不一樣。基本上可以將講師分成三的檔次，無論好與壞，單純針對不同樣貌的講師，區分出輕量級、大神級和祖師爺。

⭐ 輕量級

輕量級講師通常是初次在技術活動中擔任講師，大部分的學員對他們是陌生的，畢竟鮮少在公開場合露臉分享。當他們願意站在講台上分享時，

可以相信他們具備一定程度的專業知識和實戰經驗，雖然可能對於技術演講或教學還缺乏經驗，稍微容易緊張，但一般而言他們所呈現的技術內容都有著不錯的價值。

曾經遇過從閃電秀開始發展的輕量級講者，當時在講閃電秀的時候，這位講者會對講台有點緊張，甚至邊講手邊抖，但聽得出來分享的內容是相當有料，只是不熟悉在公開場合分享的感覺。但是隨著時間的推移，適應了講台，他的演講技巧也越來越純熟，技術內容也還是同樣精煉，後來也在不少公開場合中擔任活動講師。

還有一種素人講者是從各家公司內挖出來的，畢竟不是所有人都會跑社群，也有一些人是潛藏在公司內，比較低調的技術人才，他們身上也身懷絕技，只是行事比較低調，這種講者相當值得去挖掘，因為他們的技術內容通常都是很有價值的，也是很貼近每一位學員的日常。如果你剛好身邊有這樣的人，麻煩你推薦（坑）給各大社群，謝謝。

其實以社群的經營來說，社群最期盼有這類型的講師出現，畢竟沒有人是天生就學會站在舞台上演講，而這類型的講師多半會用熱情來戰勝緊張感，用不斷的演練來試圖將內容用最適合的方式呈現。這樣不只能讓講師提升自己的演講技巧，也能讓社群的成員學習到更多不一樣的知識。

在為活動安排講師的時候，我們會想辦法保留一定比例的輕量級講師，除了他們的技術內容能提供不一樣的角度與視野，另一方面也是把一些位置留給有熱忱但苦無機會的講者，哪天這些講師發光發熱，成為一代大師也說不一定。

⭐ 大神級

這個等級基本上還要分成兩種，一種是技術大神級，另一種是演講大神級。就像前面所討論到的，身懷絕技的技術人並不是每個人都會跑社群，但是在技術和實戰層面上，他們是無庸置疑的大神，對特定領域上的專業有著非一般人的深度研究。而演講大神級可說是社群中的佼佼者，不僅僅是指他們的技術能力，他們的演講技巧，可讓學員用舒服的方式吸收新資訊，這也是非常不容易的。

當然也有技術和演講兼備的大神，他們所分享的內容有一定的專業度，在上台分享之前，他們會把內容內化成身體的一部分，就算是要 Live Demo，也是憑藉著肌肉記憶就能夠完成，讓台下的學員大呼過癮。

這些大神身上有些還會掛著許多帥氣的頭銜，像是 MVP（Microsoft Most Valuable Professionals）、LAE（LINE API Expert）、GDE（Google Developer Expert）等這類的頭銜，這代表著他們在技術領域上有著豐富的專業知識和技術經驗，而且也是在技術社群中的熱門講師的選擇。但不表示沒有這些頭銜就不是大神，只是這些頭銜是一個很好的參考，可以讓社群知道這個講者的能力。

想當然耳，許多學員會是衝著大神級講師而來的，除了他們的技術內容是很有價值的，而且他們的演講風格也很有趣，能夠引起學員的關注。大神級講師有著良好的教學能力與演講技巧，而且通常都是在技術領域有著豐富的專業知識和技術經驗，並且有著良好的教學能力與演講技巧，能夠提供有價值的內容，並讓學員有所收穫，同時他們是很多技術社群活動的熱門選擇。

⭐ 祖師爺

其實什麼等級、檔次的東西沒甚麼好分的，只是稍微讓大家瞭解一下講者的面貌而已。但為什麼會出現祖師爺這這種檔次呢？這其實和我過去的經驗有關。

在我還沒接觸社群之前，我就已經是一名軟體工程師了，當時的我在遇到技術問題的時候，基本上沒有人可以問，不外乎就是上網找資料，自己摸索然後拼湊出解決方案。在 Google 找資訊的時候，總是會看到的來自相同部落格或是論壇的技術文章，像是黑暗執行緒、保哥的部落格，或是藍色小舖。我真的是看這些部落格學寫程式的。

論壇和部落格文章看多了，自然就會對這些人名有些印象。在參加研討會的時候，就會想看看這些文章的作者在真實世界中是如何分享技術。在當時還是小小工程師的我，聽到現場的分享時，真心覺得這些人好厲害，技術的深度和分享的能力都很強。

然而在某一次研討會，我挑了一個講者名字沒聽過，也不是我平常會聽的議程主題，單純就是覺得標題好像可以聽聽看就走進去了。中場休息時間時，我悠閒往會議室前進，進去時才發現，許多人是為了聽這場議程，從上一場議程就先坐定位，占好位子。當時的我心想，「是這主題很熱門，還是等一下有知名公眾人物要上台嗎？」

當時的我趕緊在邊邊角角找了個位置坐下，這場議程在開始前就已經幾乎座無虛席了。

醍醐灌頂或許就是這種感受吧。

回到家後，上網搜尋了這位研討會講者的生平資料，才發現他是全台灣第一位在 Apple II 時代，就已經使用組合語言撰寫遊戲的超級資深前輩，相

關演講經歷玲瑯滿目。至於講師詳細的過往資歷就不贅述了，這裡我想表達的是，講師的能力是一個人的經驗和能力的總和，而這個總和接著在時間的歷練後，用引領人們更進一步思考的方式無私的分享給每一位後進，這樣的講師除了祖師爺這個稱號，我不知道還怎麼稱呼了。

圖 13-1　榮幸邀請到祖師爺來活動分享，當然要在筆記型電腦上留下痕跡

最後還有一些講師非常特別，稱作祖師爺怪怪的，但等級一樣，姑且叫做齊天大聖吧。這類型的講師基本上信手拈來就是一場分享，經驗值飽

滿的隨時隨地都有好乾貨可以分享，就像黑暗執行緒的部落格一樣，文章像瀑布般一直狂瀉，就像台灣八點檔連戲劇不會有停播的一天。除此之外，還有講師是水到渠成型，跟他許願你想聽什麼新技術，他就會在分享之前，把新技術玩到爐火純青，還把相關細節及經驗快速產出，你以為這是囫圇吞棗嗎，一般人可能是這樣，但這類型的講師其實是消化力驚人，不僅果肉吸收了，連棗子的籽也都化了。

13.2 跨海邀請

在過去，台灣的社群活動和研討會大多是找當地的講師來分享，後來隨著社群的蓬勃發展，開始會邀請國外的講師來分享。特別是像軟體開發相關的技術型活動，由於這些技術大部分都是從國外的開發者發展出來，所以邀請國外的原始作者來分享，肯定是能獲得最原汁原味的技術內容。另外，新技術的興起也通常是從國外開始，所以邀請國外的講師來分享，也能讓台灣的開發者第一時間了解到最新的技術趨勢。

不過要邀請國外講師來台灣分享，所需要的費用是相當高的，而且還需要考量到講師的行程安排，所以在台灣的社群活動中，邀請國外講師來分享的機會並不多。不過透過資訊科技的發展，我們可以透過網路直接與國外的講師溝通，這樣就不需要讓講師舟車勞頓的遠赴他鄉，也不需要考量到高昂的交通費用，只要講師願意分享，我們就可以邀請他來分享。雖然這樣的作法會缺少一些互動，但也算是一種新型態的分享方式，特別是在疫情過後的新常態下。

還有另一種作法，也是邀請國外的講師來分享，不過是以錄製成影片的方式在活動中分享內容，透過這樣的方式，可以讓講師在他們舒服的時

間準備分享內容，同時主辦單位也機會讓這樣的分享內容更永續的傳遞下去，畢竟已經精心錄製成影片了，要在網路上的影音平台上播放也就相對容易許多。

如果你是 .NET 開發生態系的工程師，或多或少都會聽過 Scott Hanselman 這個名字，他是一位非常有名的 .NET 開發者，也是一位非常有名的講師，他在網路上分享過很多 .NET、Azure、Web 開發等專業領域的影片和文章，內容非常精彩且豐富。

在籌備 .NET Conf Taiwan 2019 的時候，就接到一個令人相當振奮的消息，Scott Hanselman 為了這次的 .NET Conf 技術年會，特別錄製了一段專屬給 .NET 開發者的影片，讓我們可以在舉辦在地的 .NET Conf Taiwan 活動中分享給大家。這是一個非常驚喜的消息，因為影片開場會特別跟該國的開發者打招呼，而且據我所知，亞洲地區只有 4 個國家會收到這樣的專屬內容，台灣就是其中之一。

而在 .NET Conf Taiwan 2019 活動開始的前一天，剛好我們社群的朋友在美國參加微軟舉辦的活動，那時候遇到了 Kendra Havens 和 James Montemagno，前者是發表 .NET Core 時，在台灣備受開發者喜歡的微軟 PM，後者是一位非常有名的微軟 PM 同時也是 Xamarin 開發者。當時這位朋友本著為台灣技術圈盡一份心力的執念下，當面邀請他們特別錄製一段專屬給台灣開發者的影片，讓我們可以在 .NET Conf Taiwan 2019 活動中分享給大家。

「I Love Taiwan」，如果當年你在活動現場，就會聽到這句來自微軟 PM 的聲音，並且伴隨台下歡舞雷動的掌聲。

時間來到 .NET Conf Taiwan 2020，有鑑於去年的成功經驗，我們決定再次邀請來自微軟總部的人來錄製專屬給台灣開發者的影片，不過這次還

在 STUDY4 的 Facebook 粉絲專頁中增加了提問環節。在 Peter Hu 的大力支持下，我們有幸邀請到微軟全球資深副總裁潘正磊（Julia Liuson）女士來進行 .NET 社群交流答客問，讓社群有機會和微軟高層對話，並且聽見來自美國最直接且第一手的技術脈動。

圖 13-2　微軟全球資深副總裁在 .NET Conf Taiwan 2020
與開發者分享前瞻洞見

　　伴隨著資訊科技的發展，社群活動開始出現許多不同的呈現方式，從過去的面對面線下聚會，透過錄影來跨越地域的限制，更到現在習以為常的線上網路直播，甚至線上網路聚會，這些都是我們在經歷的歷史。未來還會有怎樣的變化，我們可能還無法想像，但講師們絕對會走在這條必經的道路上。

13.3 三個抵一個

不知道你是否曾經有過這種疑問，研討會議程表上所標示的 Keynote 和 Session，之間到底有什麼差別。一般來說，Keynote 和 Session 是指兩種不同類型的社群活動呈現方式。

Keynote 指的是發起人或重要講者的開場演講，通常會安排在活動的開始時，主要目的是吸引觀眾的注意力，鼓勵觀眾參與活動，以及為整個活動做好開場白。Session，也就是議程，指的是一次詳細的內容分享，通常涵蓋一個具體的主題或技術，發起人或講師會分享他們的經驗和專業知識，觀眾也有機會和講師進行問答互動。

就像我們在看 Apple 的 WWDC 年度開發者大會的時候，都會先關注 Keynote 的內容，了解今年的新功能和發展趨勢，行有餘力，或是肝還有力的時候，才會接續去看會講得更詳細的議程內容。因此透過聆聽 Keynote，讓我們更快速的獲得今年的新功能和發展趨勢。

這也代表著要講 Keynote 可不是容易的事，因為你必須全盤的了解，並且準備好要分享的內容，同時你的分享還必須要有足夠的吸引力，才能讓觀眾對你的分享內容產生興趣，進而去了解更多的細節。

這樣的講者通常需要一點資歷才有辦法做到，因此在社群活動中，通常會安排一些較為有經驗的講者來講，但在 .NET Conf Taiwan 2020 的時候，我們玩了一場三個臭皮匠來講 Keynote 的遊戲。

那年發表的技術內容異常的豐富，要一個人充分準備並且在有限的時間內分享出來，是一件非常困難的事情，因此我們決定讓三位講者一起來做這場 Keynote 分享。我們採用 Divide and Conquer 的演算法，將大 Keynote

拆成多個主題，分派給多人執行，在由一位穿針引線的角色來將整場分享
整合起來，如此一來，在可以平行處理的狀態下，每項技術都能被充分的
準備，並且在短時間內做出 Keynote 分享給學員。

圖 13-3　前一天在台灣微軟彩排 .NET Conf Taiwan 2020 Keynote

　　這是一種非常有趣的呈現方式，就像是一場表演，除了要準備好要分
享的主題內容之外，還需要一些戲劇技巧，將前後的技術線串聯起來，並
且時不時帶到整場活動的議程主題，讓有興趣的學員在聽完 Keynote 之後，
還可以去找會分享該主題的講師，學習更詳盡的技術細節。

14 高大上的議程

知識型的技術活動重點在於議程，議程的產生不僅是講師的責任，對於活動籌備者來說，也是一項不能省略的關鍵任務。活動的主辦單位會在活動籌備時，設定好活動主軸和方向，設定要在這次活動呈現那些關鍵內容，而這往往需要花費大量的時間和精力來安排。主辦單位會參考當年度的指標議題，並且搜集講師的建議和想法，同時參考會眾的需求和興趣，創造出合適的議程。

不用特別研究應該也知道，活動的議程表往往是活動資訊中最被關注的一塊，特別是在我們架設活動網站後，使用 Google Analytics 和 Microsoft Clarity 這兩套網站流量的分析工具時，可以很明顯地看出，議程表從網站啟用開始就是整個網站的大熱區，由此可以驗證，一場活動能否成功吸引學員並促使他們報名參加，議程主題及簡介是個關鍵。

一般來說，講師所給的議程題目都會切中當下時局的技術痛點或技術新鮮事，但在對於主辦單位來說，在議程制定過程中，會根據活動主軸以及該領域的發展趨勢，搭配長期觀察社群活動過程中的需求，來確定大致的議題範圍。

基本上參加活動的學員大多都希望能從該領域的領導專家或業界大佬身上，從中學習並獲得最新的技術資訊，因此當主辦單位有機會邀請到相關領域的專家和大神時，會提供適合的時間與空間讓他們分享所擅長的主

題和議程內容，藉此讓活動的內容富含這些專家寶貴的實戰經驗和深度的知識，讓學員能從他們的分享中獲得最大的收獲。

前面有提到主辦單位會觀察社群中潛在的需求，在通過社群媒體、線上線下調查等多種途徑來收集到當前社群最想要了解的內容有哪些，並了解他們最關注的話題和熱點，依照群體的討論熱度來安排議程主題。因此有時候在社群媒體上看到血流成河的戰文，這背後也代表著該領域有許多人是渴望探討的，所以當我看到這樣的戰文，回個卡位或拉個沙發觀戰也是必須的。

有了內容方向，要轉化成活動議程的時候欠缺的就是一個標題，這個標題要能夠吸引學員的注意力，讓他們在看到這個標題的時候，就想要參加這個議程，一探究竟。因此在標題的設計就是個學問了，有些講師喜歡平鋪直敘，口語化表達主題內容，甚至用上一些流行語，讓題目更顯生動。有些講師則喜歡提綱挈領，直接在議題上面畫重點，一目了然的知道這場著重的方向在哪裡。有些講師喜歡一點朦朧美，標題和內容有著高階的抽象關係，不進來教室聽講，你不會知道精彩的高潮在哪裡出現。

有時候我也在想，要不要在幫講師想標題的時候，向標題黨學習一下如何設定題目，搞一些誘餌式的標題，讓學員看到就想要參加。不過這樣的做法可能會讓學員在現場發現，原來這個議程不是他想要的，這樣反倒會讓學員失望，而且也會影響到活動的口碑。因此在設定議程主題的時候，除了要盡量明確的表現出議程的價值，適度加點活潑的元素點綴，讓議程從標題開始就令人躍躍欲試。

14.1 議程類型

在整個安排議程的過程中，基本上可以根據不同領域需求，將議程分為不同的議程類型。我們可以將議程的內容基本分為兩大類，一類是知識型的議程，另一類是實務型的議程。知識型的議程主要是講師從自己的經驗中，分享自己對於某個技術領域的深度理解。實務型的議程則是講師從自己的經驗中，分享自己在實際專案中歸納出的實務經驗。

基本上，大多數的議程都會將兩種類型的議程結合在一起，讓議程的內容會更加豐富，也會讓學員在聽完之後，能夠對於該領域有更深的理解。不過對講師來說，要在有限的時間內，說得清楚講得明白又不失精彩，其實是一個很大的挑戰。特別是在做 Demo 的時候，如果講師沒有足夠的練習，很容易就會在現場卡住。有時即使在家做足了準備，正以為萬無一失的時候，在現在實際演練時卻出現一些意想不到的問題，這也就是所謂的 Demo 魔咒。

當議程有需要演示整個操作，進行 Demo 的時候，基本上有幾種進行方式。

- 現場演示（Live Demo）
- 圖片演示（Picture Demo）
- 影片演示（Video Demo）

最常見的 Live Demo 顧名思義就是直接在議程中直接上機演練給學員看，這樣的方式是最真實且直接，所有狀況都是在現場發生，這考驗著講師的臨場反應。俗話說，哪個程式沒有 Bug，特別是在眾人面前將指令或程式碼一鍵一鍵打出來的時候。在有限的經驗中，看過的 Demo 魔咒可多了，

大部分的時候講師還有辦法在現場解決，特別是台下第一排眼睛睜很大幫你進行腦袋編譯的時候，或許這也算是另類的講師與學員間的互動。當然也是有出現過為例不多的情況，可說是魔咒爆棚，怎麼都無法繼續下去，像是上台前做了系統更新，或是網路出了點狀況，又或是要演示的雲端服務在剛剛做了更新，這些都可能讓 Live Demo 的講師在現場完全卡住，這時候就只能讓學員自己去研究了。

特別是對雲端服務進行演示時，無法充分掌控的因素相當多，如果又是到網路監管比較嚴格的地方或國家，這種情況就更加嚴重。

我有次去北京分享利用雲端服務打造聊天機器人的時候，就對於 Live Demo 的方式有點戒慎恐懼，畢竟你的雲端不一定是我的雲端。面對這樣的情境我採取比較謹慎的 Demo 方式，就是先在自己的電腦上先做好 Demo，然後再將每一個步驟的畫面擷取下來，直接在投影片上一張一張的演示。透過 Picture Demo 的方式，除了可以避免在現場演示時發生無法預期的意外狀況，還可以讓學員們在取得投影片時，直接按圖施工，至於會不會成功，就看施主的造化。

Picture Demo 還有一些額外的好處，因為採取這種靜態圖片的呈現，所以演示的過程中，可以省去很多等待的時間，特別是網路塞車的時候。另外，我們可以將關鍵資訊直接和畫面融合在一起，直接標註出關鍵點，或是對重要的步驟做一些特別的標註，這樣的方式可以讓學員在閱讀投影片時，可以更加清楚的了解到每一個步驟的意義。

當然，這樣做也是有缺點，就是明顯的沒有現場動手做的緊張感，少了點既期待又怕受傷害的趣味性。

而 Video Demo 則是在議程中比較少見到的，一方面這種做法比較難讓學員感受到講師的熱情，二方面要將 Demo 錄製成影片是需要多一些而外功夫的。如果單純只是將操作的畫面錄製，在錄製的過程還算簡單，但在現場分享講解時又容易還沒講完，畫面就跑到下一步了。然而如果錄製的時候同步講解，除了錄製之外可能還要後製，而且現場的學員在現場卻只是看影片，感受度就又會再下滑一些，這的確有點兩難。

　　但也是有很強的講師能用緊湊的口吻搭配影片來進行分享，用不一樣的分享節奏讓學員在現場感受到講師滿滿的熱情，這種方式也是值得參考的。而且在影音盛行的年代，錄製下來的影片還可以在之後的時間裡，透過像是 YouTube 這類的平台重複播放，讓學員可以活動以外的時間，重複觀看。因此這樣的方式也是非常適合做為講師的補充教材。

　　開頭的時候有講到議程的種類可以分成知識型和實務型，兩者主要的差別就像是理論與實務，兩者沒有絕對的偏重，也就是兩種類型的內容都相當重要。

　　這就像是在學校時書本上教的內容，拿到現實生活中可能無法直接套用，必須經過適度的調整和修改，才能派得上用場，有時甚至時候未到時完全沒有任何用處。當我們在業界打滾一段時日後，漸漸會發現，當年那些理論知識，其實是現實生活中在背後默默運作的根本道理，只是我們沒有意識到而已。

　　當我們擁有完備的知識體系時，就可以更容易看清楚問題的本質，並且找到解決問題的方法。

　　另外，不論是知識型還是實務型的議程類型，是可以將其特性再細分為三個層次，分別是：基礎、架構、趨勢。

🌑 基礎

基礎層次的議程通常會概括性的介紹該領域的基本概念和知識體系，幫助學員建立起完整的知識藍圖。有點像是大學教授在第一堂課會講解幾個技術名詞，好讓大家容易有共同的理解。例如當程式語言有新特性出現時，又或是有全新的技術框架出現，這些所謂的基礎建設都需要一段時間進行打底式的學習，從要解決甚麼樣的問題開始，到各種快速入門、最佳典範架構等基本概念，與大家一同探索全新的技術面貌。

🌑 架構

架構層次會是介紹特定領域的框架和原理，深入探討其背後的設計和思路，擷取出重點特性，或是將關鍵特性拿出來做延伸。例如在 ASP.NET Core 問世之前，有個名為 OWIN（Open Web Interface for .NET）的開放網站介面標準，他重新定義了 .NET Web Application 與 Web Server 的溝通介面，這對 ASP.NET Core 的架構發展，扮演著重要的關鍵角色。又或是各種架構及開發模式，像這種在廣為人知的框架背後，還有延伸至其他關鍵的知識，這也是一種很重要的分享內容。

🌑 趨勢

趨勢層次著重在最新技術趨勢和發展方向，在 2010 年至 2015 年間，以行動裝置及自適應的開發趨勢為主軸，在爾後則開始出現雲端開發與應用，接著近期又以 AI 相關的議題受到眾多開發者注目。趨勢的議題吸引著管理層或技術領導者探索，即便前方還有點模糊不清，但透過議程的內容分享，多少能看到接下來的可能願景。這樣的議程類型，多以幫助學

員瞭解該領域未來的發展方向，從新的技術特性、應用場景和發展方向，通過具體的案例和實現方式，幫助學員了解該領域的最新動態和未來發展趨勢。

議程類型的細分有助於讓學員更好地了解議程的內容和價值，也有助於讓講者更好地安排自己的議程內容，以滿足學員的需求和期望。在過去的研討會議程，甚至會使用等級來區分議程內容的技術深度與困難度，例如 100 級、200 級和 300 級，如同電影的分級制度。

表 14-1　議程內容分級對照表

等級	說明
100	入門級，涵蓋基本概念和定義，適合初學者或非技術受眾
200	初級，涵蓋更多細節和示例，適合有一定經驗或對該主題有一定了解的受眾
300	中級，演示複雜的解決方案，適合對該主題有廣泛知識或技能的專業人士
400	高級，涵蓋極為深入的技術主題，適合想專研底層技術並深入瞭解的專業人士

無論是知識型議程還是實戰型議程，每個層次都有其獨特的意義和價值，每個等級的標示，目的都是為了可以讓學員選擇適合自己的學習體驗和收穫。同時，在安排議程類型時，主辦單位也需要考慮到潛在學員的技術水平和需求，盡可能地為學員提供具有實用性和可行性的議程內容，幫助學員在學習、成長和實踐中取得更好的成果。

14.2 議程怎麼生出來

在思考技術議程是怎麼生出來之前，要知道知識不會平白出現，必定要經過各種學習的方式獲得，議程的內容就是講師們學習後的結晶。許多人都會認同教學是最好的學習方式，這樣的學習方式就是費曼技巧（Feynman Technique），它要求學習者以最簡單的語言向別人解釋自己所學的知識，從而發現自己的理解漏洞和深化記憶。

諾貝爾物理獎得主理查德費曼（Richard Feynman）是一位非常有創造力和好奇心的科學家，他喜歡用自己的話來解釋各種復雜的物理概念，並且常在黑板上畫出生動的圖像來幫助聽眾理解。他認為，如果你不能用最簡單的語言來教別人一個知識點，那就表示你自己也沒有真正理解它。在《費曼學習法》書中，費曼提出了一個深度學習的五個步驟：

1. **目標**：確認學習目標
2. **理解**：理解學習內容
3. **輸出**：對外傳授知識
4. **回顧**：深度回顧反思
5. **簡化**：內化吸收知識

許多講師也是以這種做中學，或是以分享作為驅動力強迫自己更全面的學習，透過這樣的學習方式來準備自己的議程內容，這樣的方式不僅可以讓講師更好地理解知識，也可以幫助講師更好地準備議程內容，讓學員在聽講過程中取得更好的成果。

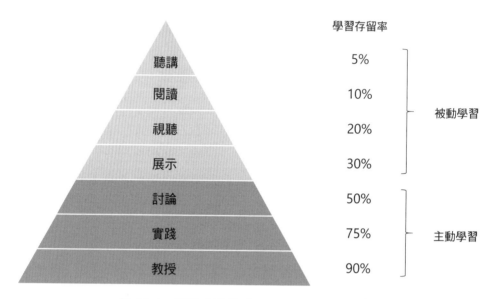

圖 14-1　學習金字塔（Learning Pyramid）

資料來源：美國緬因州國家訓練實驗室（National Training Laboratories）

　　另外，美國學者艾德加戴爾（Edgar Dale）在 1946 年提出了學習金字塔（Learning Pyramid）架構，這個架構在探討學習者透過不同的學習模式可以在兩週之後記住多少內容。這個金字塔提出了七個不同的學習層次，分別是聽講、閱讀、視聽、展示、討論、實踐以及教授。一般來說，聽講是我們最熟習的學習方式，也就是講師在上面說，學生在下面聽，然而這樣的學習效果以及學習存留率卻是最低的，兩周以後學生所學習的內容通常只能留下 5%。不過這個數值參考就好，要準確的量化學習存留率基本上不太可能。不過聽講所能獲得的資訊量，往往是最豐富且多元的，因為過程中所擷取的資訊可能會因為講師即時的發想而改變，也可能因為學員的關注點不同而有不一樣的資訊變異。越往下層走到主動學習的階段，學習效果也會更為深刻，當然相對的要付出的時間與努力也是更多的。

學習金字塔所提供的量化結果即便飽受爭議，但大致上符合現實學習狀況的期待。另外，這個架構不僅可以知道不同學習方式所帶來的效果，也點出了各種學習的模式，整體的脈絡和費曼的學習方式有很大的相似之處，孰先孰後就不知道了。

然而學習金字塔這個架構不僅可以做為學習者選擇學習的方式，其實也可以作為講師準備議程內容的參考。

在學習金字塔的上層屬於被動學習，這通常就是學員參加活動的過程中會接觸到的學習方式，聽講、閱讀、視聽，這些都是講師在準備議程內容時可以選擇的方式。

首先，聽講層次的準備以講師的講授形式為主，藉由設計清晰、易懂的投影片或是輔助工具，讓議程中要分享更容易讓學員理解。這裡講師的表現形式可以是像授課一樣，也可以是像講故事一樣，甚至透過魔術表演加深學員的聽講印象都是可行的。只要能夠讓學員在聽講過程中能夠理解議程內容，增加記憶點，就可以讓學員在這個層次中獲得更好的成果。

其次，習慣閱讀層次的學員，通常都希望能夠獲得更多現場演講之外的文件材料，可能是某個參考網頁，或是某本書籍名稱，對於這種期望有更多延伸資訊的學員，在過去光碟還流行的時代，有講師會將手邊收集到的資料、文件，燒錄成光碟分送給台下的學員，這也是一種能充分幫助習慣閱讀層次的學員更進一步學習的技巧。

在數位化的演進之下，有人發展出 urlist（https://www.theurlist.com）這樣的服務，讓講師可以將議程中提到的相關資訊連結整理成一個連結清單，讓學員可以在活動結束後，透過網頁上的連結，獲得更多的資訊。

視聽層次則是指講師可以使用影片、音頻、圖片等輔助材料，幫助學員對議程內容進行更深入的理解。創造出有趣、引人入勝的多媒體內容，將議程內容生動地展現出來，這已經是 YouTube 世代習以為常的方式。附帶聲光效果的學習材料，就像是影片演示（Video Demo）那樣，可以在課程中的學員記憶中留下印象，也可以用將同樣的演示內容嵌入至部落格中，讓分享的內容持續擴散給更多人。

14.3 人氣議程

前面討論了議程的類型以及這些議程是怎麼從講師的手中生出來的，那麼這些議程內容怎樣才能算是好的議程內容呢？或是說，所謂的高人氣議程是怎麼出現的，接下來我們來探討一下這個話題。

首先，所謂的高人氣的議程，其中最重要的關鍵點就在於滿足學員對於該技術的學習期待，過程中因為期待而吸引大量的參與者關注，甚至引起後續的認同與發展。至於要如何評估，以下是一些可以用來衡量議程成果的指標：

1. **學員回饋**：這是最直接的指標，當議程引起學員的興趣和關注，自然會讓學員願意提供更多的意見回饋，可能是針對講師的容貌，內容的專業程度，或者議程的呈現方式，當學員積極地給出回饋，那麼這個議程的成果可以被視為高人氣。

2. **關注度**：議程的影響力不僅是在現場會出現，活動結束之後，許多學員會在網路上撰寫博客文章表述心得，或是對主辦單位或講師在社交媒體所發出的貼文進行轉傳、分享，這通常會引起網路上的廣泛關注，這些都是衡量議程成果的重要指標之一。

3. 增長率：當活動持續舉辦時，可以觀察出某些議程總是能聚集大量的學員，由學員的增長率也可以反映議程成果的好壞。

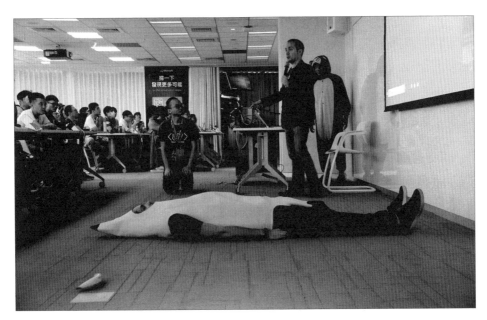

圖 14-2　用無人機偵測這是哪個是真的香蕉，哪個是假的香蕉

不過這些都算是事後的分析，那麼在議程規劃的過程中，我們可以如何預先創造出可能是有高人氣的議程呢？最膚淺的建議就是參考講師的名聲，如果講師是一位有名的技術大師，那麼他的議程要成為高人氣的議程通常不是難事。

另外在議程規劃時，探索社群的需求是創造高人氣議程很關鍵的動作，參考學員的需求和學習期待，結合講師的專業知識和經驗，才有機會創造出合適的議程。

以我個人經驗為例，在 2017 年的時候，橫空出世的 .NET Core 推出了相對穩定的版本，所提供的開發框架充分運用了各項設計模式，例如 OWIN

和建造者模式（Builder Pattern），其中還有一個個人相當愛用的相依性注入（Dependency Injection）特性，這提升了專案架構的整潔性與擴充能力。

當時 .NET Core 是個相當新穎的框架，許多開發者對他抱持的期待，再加上它將許多以前要自己刻畫的設計模式內化在其中，這些設計模式不僅讓該框架變得簡潔、易維護，也讓開發者很容易依循同樣的開發方式，擴展出自己的套路。在當時這是相當吸引人的特點，甚至在當時還有講師特別對此特性開班授課，深入淺出的傳授該特性的細節及應用。

我在 2018 年的 .NET Conf 選擇了這個主題，題目為「使用 Dependency Injection 撰寫簡潔 C# 程式碼原來這麼簡單」，內容包含了關注點分離、SOILD 原則的基礎知識，再到 .NET Core 所內建的相依性注入功能特性，最後用實際使用的現況做案例分享。

這些內容正是許多學員所期待學習到的，因此當時這場議程的教室幾乎座無虛席，而且在分享結束後，還有許多學員前來進行交流。這讓我這位默默無名的講師，無意間掌握到高人氣議程的流量密碼。

圖 14-3　一場相依性注入的分享主題，無意間掌握到高人氣議程的流量密碼

想要創造出高人氣的議程是需要考慮很多方面的，例如是否有吸引人又有聲望的講者來分享，以及是否有符合學員期待的主題。尤其是後者，這種期待可是每年的狀況都不一樣，要持續保有對社群學習生態的敏感度才有辦法掌握。善用社交媒體和網絡技術來探索技術生態系的趨勢和方向，跟著技術的潮流前進，規劃出吸引學員目光的議程好像就不是那麼困難了。

最後，如果你是參加過很多場社群活動的學員，現在你應該明白講師在準備議程是需要花費很多時間與精力，對於大多數的熱血講師來說，花很多時間來準備要分享的議程，或是要 Live Demo 的程式碼，這些可說是稀鬆平常。對於有家庭甚至有小孩的講師來說，準備到三更半夜也是不得已的決定，甚至準備到上場前一刻都很常見。

不過在議程結束之後，當講師收到來自學員的回饋和建議，這些都是講師的持續分享的動力源，讓他們知道背後的努力是真正有讓學員得到幫助的，這也會講師們繼續努力，為社群的學習生態做出貢獻。

總召小筆記

籌備和執行活動的過程總是相當勞力又煩心，要同步處理很多事情，常常忙到焦頭爛額，講師在備課的時候也何嘗不是。許多講師和我們一樣都是有家庭的一般人，照顧家庭和工作忙碌之餘，要準備分享的內容的時候，通常都會忙到深夜。將工作或興趣使然所碰觸到的經驗集結起來，熱血的分享給有緣的學員們，而學員在聽講過後，簡單幾句的回饋，對於講師來說都相當珍貴，或許這也算是個善的循環。

每次在籌備年會的時候，心裡都惦記著這件事：講師也是人，人需要鼓勵，鼓勵創造動力，才能持續下去。不論是活動前夕的講師宣傳，要想辦法把講師們弄得帥一點、正一些，還是在活動之後的問卷收集，將每一位學員留言給講師的一字一句集結起來，提供給講師細細回味，這是我表示尊重、感謝、敬意的舉動。

作為受益於講師們無私的技術分享和知識傳承的學習者，我們應該對講師們的付出表示感激和敬意。每一場高人氣的技術議程背後，都有講師們長時間的準備、深入的研究和不斷的修正，這些努力都是為了讓聽眾能夠得到更好的學習體驗和收穫更多的知識。

因此，我要向所有的技術分享講師們表達我的感謝，感謝你們不遺餘力地分享自己的技術和經驗，讓我們能夠更好地學習和成長。感謝你們將自己的知識和智慧無私地傳遞給我們，讓我們能夠站在巨人的肩膀上更加深入地理解技術。感謝你們在技術發展的道路上扮演了如此重要的角色，讓我們能夠更好地跟上技術的步伐，推動技術的進步。

在此，我代表所有的學習者，向所有的技術分享講師們致以最誠摯的敬意和感謝之意。您們的付出和努力，將永遠被我們所珍惜和記住。

15 大會報告

「大會報告！大會報告！下午茶即將在三點整於大會服務處前發放，請各位趕緊前來享用！」就像是在學校聽到訓導處廣播一樣，當有一群人分散在一個大空間時，就需要某種廣播系統，通知這一大群人某些事情在正進行，需要大家稍微注意一下。

小型活動基本上所有人都是在同一個空間或教室之中，當想要宣達某些事情時，比起大型活動來說是相對簡單的，在進行大型活動的時候，要把訊息通知給每一位來參加活動的學員，困難度也是跟著人數指數型上升。

15.1 議程異動

如果只是通知下午茶這種事，事情還算小，最令人擔心的是發生議程的異動，因為這直接與學員的課程安排有關，就像大學選課一樣，課程的安排總是動一髮牽全身，當發生衝堂時要如何做出選擇，可不是幾秒內能做好決策的。

對於活動方來說最令人害怕的是，只要稍微不注意議程異動就會發生，對於連續舉辦三年大型技術年會的我來說，就有兩次這種狀況糗境的經驗。

總召小筆記

在 2019 年 .NET Conf，將活動議程看板送交印刷廠的時候，四軌並行的活動因為沒有適合的主題，造成議程表上有一堂空堂，但後來有講師興致來，而且場地都已經付了租金不充分利用場地太浪費了，因此在活動開始的前幾天，講師提議要拿空堂來辦 OpenSpace 和學員小組深度討論，要討論的題目甚至是在活動當天早上才用 A4 紙更新到議程看板上，簡直比閃電秀還閃電。

在 2020 年 .NET Conf，議程數量是我們社群舉辦活動以來有史以來最多的，也因此要協調講師時間需要有更多的溝通，在安排議程時程時，還必須要針對講師特性來安排時段。你知道嗎，有些社群講師的特性就是無所保留的分享，即便工作人員在教室後方不斷舉著超時的牌子，講師依舊和台下滿座的學員互動滿滿。甚至有些邀請來的講師在外面授課的講師費可是頂級的，因此能邀請來社群分享實屬不易，而且為了讓講師能不小心超時分享，讓學員能更加收穫滿滿，如何安排適合的時程，可是相當令人傷透腦筋。我在這年卻犯下了拿錯議程表版本給輸出廠商的低級錯誤，讓輸出品和實際議程對不上。

　　既然可能會有議程異動的問題出現，那麼該怎麼做呢？「預防勝於治療」是千古不變的道理。要預防這狀況的發生，也就是小心謹慎或讓更多人幫忙檢查，這麼簡單沒甚麼好說的。另外該思考的課題是，當這件事發生了，該怎麼面對。

　　議程異動的影響範圍之大，是活動方要盡可能避免的，但為了讓活動方能稍微免除一些意外所造成的壓力，在有公告議程表的地方標註下面這段話，對活動方來說可是一個強而有力的定心丸。

　　「如遇不可抗力之突發因素，主辦單位保留議程、主講人變更之權力。」

　　這段話聽起來有點是在撇除責任，但請相信活動主辦方，如果可以，活動方也想把議程牢牢的定下，永不改變。如同專案需求一樣，能不能一開始就說清楚講明白，不要開發之後才在東修西改一直變。

　　心安定了，事情還是要面對。面對議程異動，我曾經做了很多亡羊補牢的補救，每種做法效果都是有限的，但也都必須要做。

　　面對已經製作甚至已經發到學員手上的活動手冊輸出品，基本上已經無可挽救，但在活動會場上的大型議程看板，勢必要在第一時間作出更正。根據不科學的觀察，超過七成的現場學員都會查看活動會場上的大型議程看板，因此這裡的修正是必須的。另外，與其用接近輸出品樣式來欲蓋彌彰的修改錯誤，倒不如用明顯的修正方式來傳達異動，讓查看的人能更直接的知道什麼地方有了異動，避免讓學員在對照手上的活動手冊時出現困惑，搞不清楚哪個是最新的資訊。

　　在活動中能一次性和最多學員傳達訊息的時刻，莫過於活動開場。在這個時間點，活動會場幾乎會是坐滿人的時刻，因此如果議程有什麼異動，在這個時間點宣達議程異動是最具效果的。

　　公開承認錯誤，提出解決方案，公開透明才能將困惑降到最低。

　　有時會擔心宣達時過於嚴肅，在技術社群的場子，可以佔一下敏捷開發的便宜，把議程表的更新加上敏捷的迭代開發思維，宣達時跟學員說「這次活動議程採用敏捷開發方法，請各位隨時關注活動會場上的議程看板唷。」稍微化解一下尷尬。

每次活動有議程異動，我真的都很尷尬，因為這件事處理起來真的很麻煩，即便能修正的輸出品都修正了，能宣達的時刻也都宣達了，但一定會有漏網之魚，對沒接收到正確活動議程資訊的學員，我都感到很抱歉。究竟還有沒有其他方法，能讓這件事情的傷害再降低一些。

15.2　活動網站

網際網路時代，活動資訊沒有透過網頁來提供相關資訊是非常奇怪的一件事。即使沒有完整的網站，也要在網際網路的某個地方有一頁面在說明這活動，如果都沒有，至少在報名平台的介紹頁上要放上相關資訊。

過去我們社群在辦活動的時候，都會在自己架設的社群官方網站上張貼活動資訊，一方面記錄曾經舉辦過的活動，二方面可以分享連結作為宣傳之用。為了讓學員在報名時也能即時查看活動資訊，在 KKTIX 或 ACCUPASS 報名平台上，也會同步擺上活動相關資訊。

不過要在兩個地方維護相同的活動資訊，其實蠻花時間的。因此，我們索性直接在報名平台上的介紹頁，直接使用 iframe 這個 HTML 標籤，讓報名平台的介紹頁直接顯示官方網站的活動內容，簡單且粗暴的降低維護複雜度。

對於有網站開發經驗的人，應該會馬上想到這個作法絕對會出現問題，也就是版面配置和樣式。當我們把其中一邊的畫面規劃的漂漂亮亮之時，另一邊就會出現一些詭異的跑版，兩邊不斷的調整，兩邊不斷地互相牽制，因此要把版面配置和樣式調整到兩邊都能美美呈現，根本就是不可能的任務。

這個狀況就如同古人所說的「魚與熊掌不可兼得」。

為了讓活動能更顯專業，讓學員更容易追蹤議程資訊和活動動態，到了 2020 年舉辦大型年會的時候，所幸捲起袖子撩落去，來建立專屬於 .NET Conf 的活動網站。

⭐ 藝術天分

要做出設計感十足的活動網站，絕對需要一些藝術天分，所以籌備團隊中需要位設計人才，將嘴上說說的想法轉化成眼睛看的見的畫面。關注各場由社群主辦的大型年會，像是 JSDC、PyCon、MOPCON 都有著美美的活動網站，甚至有趣的周邊設計，想必他們團隊中有著藝術造詣深厚的設計師來打點這一切。

當然，我們社群成員中也是有全端工程師，對 JavaScript、CSS、HTML 的前端開發還是有些底子，對前端三大框架 Angular、Vue、React 也是多有涉略，只是在我們這種偏向後端工程師的技術社群，大家對美的認知是在程式碼和系統架構上，對於畫面的美感，和設計師們實在相差太多，更別說刻畫面和設計相關的技術能力了。

沒有藝術和設計技能該怎麼辦呢？那就讓我們使用新台幣的神祕力量吧！

網路上有不少設計好的網站樣板可以下載使用，免費和付費的都有，不過要想要有精緻一點的設計畫面，還是選擇付費的銷售平台會比較好，而且付費的樣板也會附上合法的使用授權，讓你不用擔心侵權的問題。

現在銷售網站樣版的平台都做的相當不錯，像是 ThemeForest、TemplateMonster 這些網站樣板銷售平台，除了一目了然的列出所提供的功

能特性，也可以讓你 Live Preview 直接瀏覽整個樣版網站的畫面，輕鬆選擇適合你的樣板。如果沒有設計師，或是想要加速活動網站的開發與設計，付個幾十塊美金，購買一套樣版來當基礎，不失為一種解決方案。

有了網站樣版當基底，要讓畫面更豐富有設計感，好看的圖片和素材是不可少的。在前面行銷前哨戰的章節有提到 Freepik 和 Flaticon 這兩個好用的素材網站，只要付個 9.9 歐元，就可以在一個月內使用該平台上所有設計感十足的素材，這些素材不只可以讓行銷用的宣傳圖好看，也解決了活動網站上的素材問題，更重要的是，充分解決了我們手拙不會畫圖的問題。

⭐ 開發技術

在技術群中講到網站開發，自然會討論到 JavaScript，再討論框架選用上，難免會聊起前端三大框架 Angular、Vue、React。這三套框架都有其優缺點，沒有一套是完美的，而每一套框架也都各自有適合他們的情境去充分發揮，那麼問題來了，這三套框架適合拿來開發活動網站嗎？這問題的答案顯而易見，當然可以，用你熟習的技術就對了。那我們有用嗎？自豪的跟你說，沒有。

過去曾經有幸參與過 Angular Taiwan 所舉辦的年會，並在幕後當工作人員，當時在討論到開發活動網站的時候，主辦人明確的說：「前端三大框架的 Angular 年會，當然就是要用 Angular 來開發活動網站囉。」因此網站開發的技術選用，自然沒什麼好說的。

這次要舉辦的是 .NET Conf 技術年會，使用搭配 .NET 的 ASP.NET Core 網站開發框架也是再自然不過的事。在 ASP.NET Core 的世界中，還可以細分出很多種選擇，從關注點分離的 MVC 到頁面導向的 Razor Page，都是不錯的選擇，或著想嘗鮮使用 2018 年誕生的 Blazor 也是相當有趣的決定。

總召小筆記

在 2020 年 .NET Conf 是我們第一次製作專屬的年會網站，當時在思考要使用哪種技術來開發活動網站時，其實陷入的決策困境，究竟是要熟習的 Angular 或 Vue，還是要使用當時完全不熟的 Blazor 技術。由於開發時間並不充裕，因此使用熟悉的前端框架來開發，應該比較不會遇到太多障礙，但是又放不下 Angular Taiwan 年會主辦人當時講的那句話，想要嘗試使用 .NET 新推出的開發技術。

最後憑藉著 STUDY4 創辦人說的一句話「就當作火力展示呀」，毫無懸念的選擇使用 Blazor 來開發。

在使用 Blazor Server 的開發過程中，大量閱讀開發文件和四處尋找問題的解決手段是少不了的，即便背後使用 SignalR 得運作機制讓我踩了不少雷，在整合 Blazor 和 JavaScript 所撰寫的功能這段也吃足了苦頭，但同時也釐清了不少該技術的特性。最終在時程緊迫的條件下，還是完成了活動網站的開發。

選擇使用和活動相關的技術來完成活動的需求，是一件很酷的事，就像 iPhone 的宣傳影片是用 iPhone 拍得一樣酷。而且更酷的是，你可以在開場的時候大聲嚷嚷著「這次活動網站是用 .NET 最新發布的技術所開發完成的唷。」

在 2021 年 .NET Conf 活動網站的開發技術選擇上，想當然的，毅然決然的直接使用當時剛更新的 Blazor Web Assembly 來開發。

⭐ 即時更新活動資訊

要傳達活動的更新資訊，活動網站是一項相當重要的手段，因為網站可以不斷地更新。仰賴於現在人人都有行動裝置，學員只要按下重新整理的按鍵，就可以獲得最新的資訊，相當方便又有效率。

活動網站方便了資訊更新，但在更新資訊的流程上，還是需要大量的人工處理。在收到活動更新的資訊後，活動網站的管理者必須手動輸入要更新的資訊，如果使用的是系統網站，你可能會有個資料庫來儲存要更新的資料，甚至有後台可以讓管理者進去維護。有這樣的後台系統相當方便，不過所需要的成本也相對較高，除了資料庫要額外的費用，更不用說要在有限的時間內，開發出這樣的系統了。

尤其是在汰換率較高的活動網站，每次活動要呈現的資料型態可能都有些差異，要開發出適合且通用的活動網站系統並不容易，所以很多時候活動網站的內容都是手動將資料寫到畫面上，頂多透過一些程式化的方式，讓畫面根據資料而自動生成出來。但如果每次在手動更新完畫面資料之後，還要手動建置、測試、再發布到伺服器中，那就太耗費的時間和人力資源了。

就在這樣的情境之下，在想讓一切自動化的同時，我想到了從 TechDays 2015 聽到現在的 DevOps 軟體開發方法，或許這是個機會，能夠讓我可以將 DevOps 應用在工作以外的地方，在社群活動中派上用場。

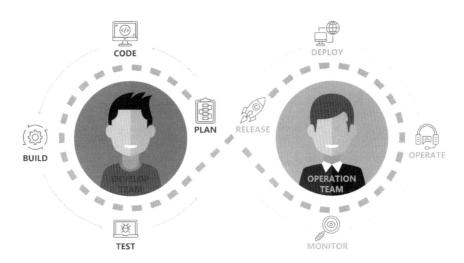

圖 15-1　DevOps 是一種重視軟體開發（Dev）和 IT 運維技術（Ops）之間溝
　　　　通合作的文化，通過自動化交付的流程，讓建置、測試、發布軟體能
　　　　夠更加地快捷、頻繁和可靠

　　當活動網站的管理者將需要更新的資訊修改到專案原始碼後，接著將
原始碼提交到 GitHub 原始碼代管服務平台，再藉由 Azure DevOps Service 的
CI（Continuous Integration，持續整合）和 CD（Continuous Delivery，持續交
付）功能，將活動網站部署到伺服器上，讓更新後的資訊能流暢的提供給
開啟活動網站查看資訊的學員。

　　透過這種不斷的小增量多迭代的方式，持續將最新且有價值的資訊交
付給學員，達成開發人員眼中理想的即時更新活動資訊。

總召小筆記

在 2020 年 .NET Conf，有了更多協辦單位和贊助商，為了讓協辦單位和贊助商除了能更即時的看到活動網站上所揭露訊息的變化，還要能在公開發布之前能先讓他們過目，進行內容資訊的審查。

為達成此目標，活動網站搭配了 Azure Web App 的 Slot 功能，在資訊更新的時候，會先發布到 Preview 站台，協辦單位和贊助商可以直接使用 Preview 站台的網址來檢查資訊正確性，當內容都沒問題之後，只要在 Azure Portal 上按下 Swap 進行交換，將正式站台和 Preview 站台做對調，就可以在不影響任何人的且在不間斷提供服務的情況下，完成網站發布。

或許這一切都是殺雞用牛刀，但弄出這段更新到發布的流程，甚至實現藍綠部署，當下的我可說是心滿意足。

⭐ 推敲議程熱門度

關心學員最在意的議程是主辦單位相當關心的一件事，因為這不只牽扯到票房，甚至教室空間的安排，人力的配置等等。不過想要推敲出活動議程中，那場議程是最受學員青睞的，可不是一件簡單的事，除了靠歷史經驗之外，還需要更多資訊才能更加準確的預估議程熱門程度。

　　活動前透過社團或粉絲專頁來詢問社群成員是一個常見的方法，觀察議程宣傳的互動程度也是一種相當可靠的資訊，而在活動網站上也可以收集類似的資訊。

　　許多人都知道監測分析對於成功而言有著密不可分的關係，因為監測過程中所收集到的資訊，有些可以直接用來描繪現況，例如要將活動網站上的訪客轉化成活動中的學員，過程中雖然需要花費很多功夫，然而從訪客在活動網站上的行為，是可以推敲出學員的大致上的面貌，進而讓我們更了解學員對於這次活動的期待在哪裡。

　　透過議程頁面的瀏覽次數，可以感受的到那些議程主題是最能打動人心的，或是學員最感興趣的。藉此我們可以將此資訊拿來發想行銷內容、教室空間的安排、議程時間表的規劃。一般來說，我再看到這樣的資訊後，都會想辦法將這幾場議程安排在可以讓講師隨意超時的時間段，除了讓講師沒有時間限制的盡情發揮，也可以讓學員受益於這樣的安排，獲得滿滿的乾貨。

　　有些監測的資訊可以在收集過後，轉變成更有價值的資訊，例如瀏覽網站時的動作、點擊（觸控）的位置，將這些資訊彙整成頁面熱區圖，有利於管理者更直覺的進行分析。有些資訊具有前後順序的意義，可以得知訪客的行為流程，有些很強大的資訊收集平台甚至可以將訪客的操作流程，整理成動畫圖，讓你直接感受訪客的操作行為，如同你就在訪客後面看他操作一般。

圖 15-2　Microsoft Clarity 所提供的訪客點擊熱區圖

總召小筆記

在規劃製作 2020 年 .NET Conf 的活動網站時，當時廣受大家所認識的網站資訊收集平台莫過於 Google Analytics，這個服務平台所提供的分析功能非常優秀，提供很多分析工具、報表、甚至各式圖表並使用儀錶板的方式呈現，許多網站都使用這套工具來進行網站分析，我們的 .NET Conf 網站當然也不例外。

不過在同一年，微軟上市了自家的網站監測分析工具 Microsoft Clarity，這款可以免費使用的分析工具，將瀏覽網站所產生的大量資料打包成可操作並且易於理解的報告。例如所提供的點擊圖，可以讓你知道網頁上哪些內容對於訪客是很重要的。所提供的滾動圖則可以顯示訪客在該網頁是否看到對他有用的內容。熱點圖的聚合性質更可以幫助你了解訪客的操作行為和趨勢，這些資訊可以讓你更輕鬆的解讀網站互動資訊，並透過這分析資料來進行後續決策，資料驅動活動的概念大概也就是這樣吧。

15.3 短網址很厲害

網際網路發展至今，有些人可能對 URL（統一資源定位符）這個名詞還有一點陌生，但是如果用「網址」這個名詞，相信不會有人不知道。

在網際網路的歷史上，URL 是一個非常重要且基礎的發明，可以使用這個表示語法來表示網際網路的某個資源位置，這個位置可能是我們常見的網頁，也可以是一份我們需要用到的 PDF 檔案。

如果你要查看我們社群所舉辦的 .NET Conf 活動資訊，就可以使用瀏覽器並輸入這個網址 https://dotnetconf.study4.tw/ 來開啟網站，查看這場活動有哪些講師會來分享，以及分享議程的詳細資訊。

不過有時候網址太長是會造成一些困擾的，像是需要你手動敲鍵盤輸入的時候，網址的長度就直接跟輸入的辛苦程度成正比，如果能讓網址變得簡短，這樣使用者體驗也會成正比提升。因此許多網路平台推出了短網

址服務，讓你輕鬆將落落長的網址，改用一個簡短的網址來替代，且仍然可以直接連結到原本所指向到的網站頁面。

現在其實是一個隨處有短網址的時代，例如我們常會在需要限制訊息字元數的 SMS 簡訊或是微部落格和社群媒體上看到短網址；又或是服務商為了減少使用者輸入網址時所需要的打字量，會提供短網址的連結；甚至為了使人們更容易記住某個連結，會使用短網址來做網址的美化，將冗長的網址改頭換面，轉變成簡短又有意義的簡短文字。這些都是短網址經常被運用到的場景。

短網址的使用場景跟機會非常的多，市面上也有很多短網址的服務，所提供的功能非常齊全，除了有精美的統計報表，還可以自訂預覽圖片，這用在像是 Facebook 或 Twitter 這類社群媒體相當不錯，輕輕鬆鬆讓分享的貼文變得美美的。

我們知道短網址可以更輕鬆地傳遞、輸入、被記憶，那麼除了這些優點之外還有甚麼應用的場景呢？為什麼舉辦個社群活動會需要特別提這個短網址服務呢？這其中的好處真的非常值得分享給大家。

⭐ 運作原理

在分享短網址的應用案例前，先稍微介紹一下短網址背後的運作方式，讓大家對這個服務有多一點的認識。

使用者使用短網址服務並輸入長網址，當服務端接收後會為長網址產生一組簡短的識別碼，並此識別碼和長網址的關係儲存到像是資料庫的儲存體中，供日後查詢使用。而當使用者點擊或開啟短網址時，會開啟短網址服務的平台，此時平台的伺服器會根據網址上的簡短識別碼去查找對應的長網址，並告訴使用者的瀏覽器要轉跳到長網址的頁面。

轉跳過程中，進階一點的細節會是使用 HTTP 302 狀態碼進行轉向，因為 HTTP 301 狀態碼是代表永久的重新定向，而 HTTP 302 狀態碼是臨時的重新定向，兩者所代表的意思不一樣。一般來說短網址服務平台會使用 HTTP 302 而非 HTTP 301 狀態碼，是因為如果使用了 HTTP 301 狀態碼做永久的重新定向了話，許多狀況下會快取這個轉向記錄，造成直接開啟長網址的現象，而非每次都經過短網址服務做轉跳，如此一來服務平台就蒐集不到各項使用資訊，甚至累計使用次數了。

所以，其實短網址的執行的基本原理很簡單，基本上就是使用網站轉址的技巧。在使用者使用瀏覽器開啟 A 短網址的網頁時，網站會根據短網址上的關鍵字或連結位置，去資料庫尋找所對應到的真正要連結開啟的 B 長網址，再透過 URL 轉址的機制，將使用者轉跳到 B 網頁。

在這個運作過程中，短網址服務不僅僅能把網址重新改造，還可以在轉跳的過程加入一些特殊功能，例如記錄短網址被使用的次數並加以統計作分析，讓你知道有多少人使用過你的短網址，甚至有些短網址服務還會預先幫你檢查原本的長網址網站是否安全，有無資安上的疑慮。

🔘 短網址的資訊安全

過去在資訊安全的教育上，會提倡大家點擊網址時，要注意網址的正確性，是否有異常。例如 www.google.com 是正確且安全的網址，而 www.g00gle.com 可能就是某個要誘騙你開啟的釣魚網站。

不過由於縮短網址具有隱匿原始網址的特性，把背後的真實網址給隱藏了，你無法去檢查點擊之後所連結到的網頁網址，使用者也無法透過短網址的「外觀」得知真實網址，因此短網址便成為有心人士利用來散播電腦病毒及有害內容的管道，成為近年來社交工程攻擊的慣用工具之一。所以

來路不明的短網址，是可能造成資訊安全上的漏洞，請不要輕易地點擊，也不要輕易在所連結到的網頁上輸入個人資訊。

但是短網址有太多好用的使用情境，為了資訊安全而選擇不使用它，這不太實際，不過要解決這個對網址的不信任感，還是有辦法的。有些短網址服務是允許讓你使用你自己的網域名稱來自訂縮短網址的域名，例如原本的 bit.ly/xxxxx 的短網址，自訂成 s.poychang.net/xxxxx 這樣的短網址名稱，由於網域名稱具有一定程度的識別度，藉此提高對短網址的信任感。

總召小筆記

在 2019 年 .NET Conf，當時直接使用了 bit.ly 短網址服務，製作會後線上問卷調查的短網址，而在 2020 年時，為了製作更具信任感的短網址，開始朝向自訂短網址的方向發展。不過要使用自訂短網址的域名通常都是屬於付費功能，對於非營利的社群來說，每一筆花費都是要斤斤計較的。

後來有天在和 Andrew 聊天的過程中，大神冒出了 Short URL as Code 這句話，讓我激發出一個靈感，寫出「使用 GitHub Pages 打造簡易短網址系統」這篇文章，這篇文章使用 GitHub 各種佛心的功能，你只需要有一個網域，就可以自行實作出完全不用錢，而且還能自訂網域以及自訂短網址識別碼的功能，甚至還有免費 SSL 的短網址服務。

如果你對打造自己的短網址服務有興趣，可以參考這篇部落格網址 https://blog.poychang.net/how-to-use-github-pages-build-a-short-url-app/，或者這篇文章所實作出服務的這個短網址 https://s.poychang.net/build-short-url-app。

⭐ 動態 QR Code

短網址跟 QR Code 之間的關係很容易想像，無非就是將短網址變成一個 QR Code，讓大家拿行動裝置去掃描，然後開啟短網址背後的網站。不過短網址和動態這兩者放在一起，他們之間又有什麼關係。

關於這個問題，你可以先翻到在本書的第三章，那裡有分享一條當年 TechDays 影響我很深的議程錄影檔短網址，「開發運維一體化（DevOps）的敏捷九劍」，如果要在書中分享網址，那麼使用原始的長網址了話，會想要逐一輸入的人並不多，但如果是使用短網址，甚至使用 QR Code 的方式來分享，那麼會想要查看的人自然就變多了。

不過，除非書的內容有再版或是有發行修訂版，否則已經撰寫在書中的內容是無法做更新的，畢竟已經白紙黑字印出來了。這時候如果用原始的長網址做分享，有一天這個原始網址失效了，那麼任何人都再也無法查看書中想要分享的網路內容了。這時候如果使用短網址來分享，當背後的真實長網址失效了，只要另一個網址還能提供相同或相似的內容，只要調整一下短網址的轉向位置即可。

這也就是說，即使以後這個短網址背後的連結失效了，我依然可以隨時調整這個短網址背後的連結位置，讓這本書所提供的短網址依然是有效地。以設計模式來說，這就像是一種 Proxy 代理模式；以網路術語來說，這就是像 DNS 般，你不需要知道實際的 IP 位置，依然可以用可讀性佳的網址來連到正確的資源位置。

備註

> 對於失效的網址，可以使用 Wayback Machine (https://web.archive.org/) 這個服務網站，來查看已失效網頁的存檔副本。

動態、短網址、以及 QR Code 彼此之間的關係知道了，那麼在活動中能做出什麼應用呢？

當舉辦多天的活動時，可能會想要知道每一天學員的感受，或是針對不同時間段來問學員一些特定的問題，這時候只需要使用這裡所分享的動態 QR Code 的技巧，將 QR Code 印在學員的吊牌上，當學員在不同時段掃描這組 QR Code 的時候，會因為短網址的代理機制將連結導向到不同時段想要呈現的特定網頁。

如此一來，像是活動問卷、線上抽獎活動、要推廣的活動訊息，都可以在不同時段，透過一組 QR Code 傳達給學員。

總召小筆記

在 2020 年 .NET Conf 首次舉辦了兩天的活動，分別是企業日和社群日，由於主辦單位特別想要知道學員對於企業日和社群日兩天活動的感受與想法，過去可能會採用印刷兩天的活動手冊，或是製作兩天的學員吊牌，來提供兩天的活動問卷連結，但這樣做會花費不少成本在印刷製作物上。

透過印刷在學員吊牌上的動態 QR Code，不僅可以讓學員隨身都攜帶這組問卷連結，還可以輕鬆用行動裝置掃描，對於主辦單位來說，運用短網址的代理機制，可以輕鬆切換兩天活動的問卷連結，而不需要擔心產生過多印刷品成本，以及傳遞問卷連結的問題。

當年也好險有使用這樣的機制來處理問卷，才讓狀況劇化險為夷。這是怎麼說呢？因為當時 Microsoft Form 的問卷服務在回應的上限只有200 份，對於將近 500 人的活動來說，這個數量上限完全不夠用，因此在活動現場就有學員跑來跟我說問卷無法提交，這時我才知道這個數量上限的問題。當時我立刻複製了問卷表單，並將短網址背後的轉跳網址修改到新的問卷連結，解決了一場小危機。

16 創造活動亮點

社群驅動的活動和商業活動一樣，都需要在活動中添加一些亮點來吸引參與者的注意力，並且讓參與者們在活動中得到更多的收益和收穫。不過社群驅動的活動中，比較不會有制式規約的限制，因此讓社群在活動的規劃與執行上多一點彈性空間。有時在籌備會議的討論中，想像力豐富的成員會冒出一些新奇、有趣又好玩的想法，這時候就會想嘗試在活動中執行看看，這種嘗試可能大到整個活動方式是從未見過的，也可能是一些小型的實驗性活動，又或者是在活動會場外，讓活動氛圍更熱鬧的場邊活動。

在社群行有餘力的時候，思考如何創造亮點，讓活動更加豐富有趣，這同時也是一種對社群的投資，這種投資不是為了利益上的回報，反倒是這樣的投資可以讓社群在未來的活動中得到更多的可能性。我們時常會聽到在活動主軸之外，一些附加的場邊活動或是非制式議程的內容是讓學員相當感興趣的，其中包括閃電秀、Open Space、或是各種社群大地遊戲等，這些形式都可以在社群驅動的活動中，創造出不一樣的內容與感受。

在籌備 .NET Conf Taiwan 2019 的時候，由於要挑戰舉辦兩天的研討會，要規劃將近 40 場議程，在過程中曾發生有一個教室時段不知道要安排什麼內容。

　　這時候 STUDY4 社群的霸氣前輩 Edward Kuo 主動跳出來說：「教室都租了，不要浪費。這時間交給我，我來搞個製造業的 Open Space。」

　　Open Space 這種活動形式是在 1983 年，哈裡森歐文（Harrison Owen）在他所組織的活動中觀察到，大多數有意義的對話和主動學習似乎都發生在正式的議程之外。經過一番思考後，他發展出一種允許各種規模的團體自我組織，規模人數可以小至 5 人多至上千人，由這群人建立自己的議程並共同解決複雜問題的議程形式。

　　在這場暨開放主題又聚焦在製造業的 IT 技術問題的 Open Space 中，大家暢所欲言，彼此互相討教、分享，這位資深的社群前輩也大方分享許多在他業界領域的經驗，讓大家都有機會得到更多的收穫。大家透過自由地分享自己的想法，並且得到其他人的回饋，這是一種非常有趣的互動方式，也是一種很好的學習方式。

　　在社群驅動的活動中，不時加入一些實驗性質的活動內容，是有機會成為活動中的亮點，甚至會提高活動的吸引力和價值，讓參與者們可以得到更多的收益和收穫。通過這樣的方式，技術社群才能夠吸引更多的人參與，並實現長期的發展和成功。

16.1 閃電秀

　　大多數的議程會安排 30 到 90 分鐘的時間給講者進行分享，而所謂的閃電秀（Lightning Talk），是一種在活動或類似議程的場合中進行的非常短暫的演講，通常只會持續幾分鐘，常見的是 5 到 10 分鐘的簡短演講。閃電

秀的目的是讓演講者有機會快速地傳達自己的想法或經驗，並激發聽眾的興趣和好奇心。一般來說，閃電秀會由數位不同的演講者在一個時段中連續進行，因此有時後也被稱為閃電戰。

閃電秀可以被要求要遵循一些特定的格式，例如規定每場演講要使用多少張投影片以及每張投影片要顯示多久，像這樣的規定是為了讓台下毫無準備的聽眾有時間可以消化突如其來的內容，並且要求講者清楚的表達觀點，擺脫非關鍵訊息的呈現。當然也可以毫無規範，也有在五分鐘內講完 60 張投影片的閃電秀。

這種形式的簡短演講最早可能是出現在 1997 年的 YAPC（Yet Another Perl Conference）中，當時有一些參與者在活動期間提出了自己想要分享的內容主題，主辦單位則在最後一天安排了一個小時來讓這些參與者進行快速分享。後來，閃電秀被許多技術或創新相關的活動廣泛採用，甚至擴散到教育、商業、社會運動等領域，利用閃電秀的特性快速的促進知識交流和創意發展。

對於講者和聽眾來說閃電秀是有許多好處的。對於講者來說，這可以幫助他們練習用精簡而有效地表達自己的觀點，並增加他們在公開場合發言的信心和能力。對於聽眾來說，可以讓他們接觸到各種不同而有趣的主題，並激發他們對某些領域或問題深入探索和學習的動機。

16.2 新創秀

相信有許多人對閃電秀多少有些了解，但是對新創秀（Startup Show）可能就不是那麼熟悉了。新創秀是一個比較新的概念，它是一種特地設計

給新創公司在活動中展示和分享的場合。新創秀的目的是讓新創公司有機會在一個短時間內向大眾介紹自己的產品或服務，甚至在用來招募人才，並且在這個短短的過程中，讓參與者們有機會了解到新創公司的解決方案、系統架構、經營模式、產品或服務的特色。

應該很多人對新創秀這個名詞很陌生，因為這是我瞎掰出來的。

這個名詞的誕生要從我有次作為資訊工業策進會的 AI 智會應用新世代人才培育計畫的講師開始說起。當時的這個機會是要與 38 位來自政府、金融、醫療、教育等業界先進一同前往在新加坡舉辦的 AI Summit 2019 人工智能研討會，學習鄰近國家是如何帶動 AI 人工智能發展。

在這趟行程中，我們有機會參觀由新加坡國立大學（NUS）主辦的 AI Singapore，這個機構希望透過產官學研的合作機制，促進新加坡在 AI 領域之創新發展與應用，同時，也拜訪了 Pand.AI 這間專門為亞洲金融機構提供聊天機器人服務的新創公司。這兩個行程開啟了我對新創公司在技術選型以及系統架構的興趣。

接續拜訪行程的則是重頭戲 AI Summit，不過在重頭戲的身旁同時也舉辦了 Startup Elevate 活動，讓新創公司有機會和天使投資人、VC（Venture Capital，風險投資）、企業家等人士進行 Pitch，為他們創新的產品或服務進行提案。這個重頭戲外的野台戲在我心中埋下了一顆種子，一顆想在台灣的技術研討會為新創公司做些甚麼的種子。

圖 16-1　新加坡 AI Summit 會場舉辦的 Startup Elevate 活動

　　從新加坡回國後，同時也是 .NET Conf Taiwan 2019 的籌備期，我們在籌備會議中討論了一下，是否可以在 .NET Conf Taiwan 2019 中舉辦一場新創秀，提供新創公司 20 分鐘的議程時間，讓他們可以在研討會的這段時間中分享新創公司所使用到的技術，同時也可以在這段時間分享他們所研發的服務，或是進行一些公司介紹，甚至進行人才招募。藉由像是進行 Pitch 般的短講，讓更多人知道台灣也有很多新創公司在發展，並且讓學員們有機會了解到新創公司的解決方案、系統架構、經營模式、產品或服務的特色。

雖然在安排此新創秀的時候，無法找到像是天使投資人或 VC 角色的人
來參加，不過根據活動後的學員職務分析，台下的聽眾除了開發人員外，
也是有一定比例的 CEO、CTO 等高階主管，相信透過這樣的方式，也能讓
新創公司的產品或服務有機會被更多的人知道。

圖 16-2 在 .NET Conf Taiwan 2019 忘形流廣告中招募新創公司來分享

圖 16-3　新創秀突破同溫層被民視加速器分享貼文

這項活動內容除了是對新創公司提供舞台之外,對於主辦單位來說,這其實是一個很好的機會可以將活動訊息滲透到同溫層之外。在推廣活動時,我們在 Facebook 紛絲專頁中分享了忘形流的推廣廣告,其中就特別提到了新創秀,這個推廣原本是要招募新創公司來新創秀分享,結果被新創圈的媒體看見,分享在他們的社群網路中,間接的讓活動有機會觸及到我們同溫層以外的人。

這個從偶然的機會中誕生的新創秀,在 .NET Conf Taiwan 2019 中成功的實現,這除了造就當年的推廣話題,也讓活動內容增添了不一樣的氣氛,更讓我們在未來的活動中,發展出不一樣的活動安排。

16.3 企業實戰

隔年的 .NET Conf Taiwan,當我們在思考議程計畫的時候,成員在討論中回顧過去的活動安排,其中有一段是這樣的:

「去年新創秀邀請了新創公司來分享,那麼當新創成功長大後,
技術會怎麼發展?」

的確,隨著成功的新創公司會不斷的壯大和發展,從原本專注於探索新的技術和應用並開發出一些重要的產品與服務,到後來技術成熟並發展出穩定的商業模式,過程中肯定有許多技術面上的經驗可以在研討會中分享。

於是,我們在 .NET Conf Taiwan 2020 的活動主軸中,特意做了這樣的安排,找來知名企業的技術人來做一系列的企業實戰議程,讓他們分享他們在企業中所遇到的技術挑戰,並且分享他們是如何解決這些技術挑戰。將真實世界的實戰經驗,轉化成技術年會上的焦點議程,讓學員們可以在

研討會中，了解到企業所面臨到的技術挑戰，以及身為技術人士是怎麼在企業中發展技術解決方案。

真實故事人人愛聽，特別是這種實戰類型的特別有意思，如果還能和學員自身工作領域或生活能夠有關聯，那就更好了。翻開過去 .NET Conf Taiwan 的會眾組成，有 57% 的組成是資訊服務業，這個行業比較籠統，很難設定一個技術主軸，畢竟資訊服務已經落實在企業的各個角落。第二位是金融業，要找金融業內的技術人來分享，恐怕也是很難進行，畢竟金融業內需要更多的安全性，甚至有些台灣的知名企業在處理對外的技術分享內容時，會有逐一審查的機制。第三位則是台灣普遍能看到的製造業，這個就相對容易了，但是若從傳統製造業尋找，可能也是很難找到適合的。於是我們轉念一想，或許科技製造業是個可行的方向，而且社群的核心成員中也有適合的接洽對象。在因緣際會之下，我們找來了在電腦零組件界頗具知名的生產製造公司，邀請該公司的資訊部資深經理領隊來分享一系列的企業實戰議程。

台灣經濟是靠許多中小企業共同創造出來的，在科技蓬勃發展的時代，電子商務的發展也不惶多讓。過去我在大學時曾經修過電子商務這門課，當時第一堂課教授就對我們說，這堂課以後可能不會存在了，因為當電子商務落實到每個人的日常生活之中時，這堂課的內容已經內化到每個人的身上，已經像是呼吸般自然。現在看起來世界的確也是往這個方向走，線上購物已經成為每個人生活中的一部分。

我們社群之中有位長年支持我們的夥伴，任職於台灣第一家以虛實融合（OMO，Online-Merge-Offline）為核心的零售軟體雲服務公司，91APP，這間公司的技術默默在我們生活中發揮著影響力，許多線上購物平台都是使用他們的技術來達成。因此在規劃企業實戰議程的時候，就想邀請他們

來做一些分享,從系統架構的技術層面,以及新技術探索的範疇,在技術年會中和學員們做分享。

通常要從企業中請他們內部的技術人來分享,是一件很困難的事情,畢竟會將自身工作上的技術整理成一場議程的內容,這已經有點超過一般的工作內容。更何況願意在社群中分享技術內容的企業,為數也不多。

因此要將企業實戰的系列議程規劃出來,需要的可能不是一個人甚至一個團隊的努力,而有時需要的是運氣,以及社群中相互支持的力量。

在尋找企業實戰的分享夥伴時,我們從自身的社群成員開始探索,邀請了知名企業的技術人來分享他們在企業中所遇到的技術挑戰,並且分享他們是如何解決這些技術挑戰。將真實世界的實戰經驗,轉化成技術年會上的焦點議程,讓學員們可以在研討會中,了解到企業所面臨到的技術挑戰,以及身為技術人士是怎麼在企業中發展技術解決方案。這樣的議程安排,在活動的問卷調查,得到了許多正面回應,期望在外來的活動上有更多的規劃。

16.4 攤位與場邊活動

關於在活動中提供攤位給贊助商展示產品或服務,抑或是讓贊助商能在活動現場進行招募活動,社群中許多人是滿喜歡的,不過這不代表就沒有反面意見。部分學員會認為攤位可能會分散活動整體的焦點,使參與者難以專注在活動本身。當攤位所以提供的吸引力太大,例如是填問卷即可參加抽 Surface Pro 這樣的抽獎活動,就連身為總召都想過去填一下問卷了,但這對於學員來說,這可能會讓他們不小心忽略即將開始的議程。

另外關於攤位的管理也有人提出想法，例如攤位活動的聲響是否會驚擾到教室中的聽講，或者是攤位的商業行為會影響社群活動的純粹性。這些都是值得我們去思考的問題，但是對我來說，不會因為這些問題而放棄攤位的安排，攤位活動是規劃活動時一項重要的內容。

圖 16-4　攤位在技術社群的活動中扮演著擴展視野的角色

一方面攤位是活動主辦和贊助商之間很重要的對價交換，讓贊助商提供主辦方籌備活動的資金支持，主辦方則提供攤位給贊助商進行推廣或招募活動。另一方面，許多人滿喜歡在活動上看到各家公司來擺攤位的，可以藉此看到各家公司的產品，另一方面也有機會可以和各家公司的技術人員在活動中進行交流，同時也可以從攤位的交流中，更了解到各家公司的技術環境、工作內容等。

除了贊助商會在活動中擺攤之外，也會有來自其他社群的朋友來共襄盛舉。這是以社群間互利共生，彼此扶持為出發點，讓彼此社群的參與者有機會跨出同溫層，接觸來自不一樣技術圈的朋友。畢竟現在已經沒有所謂單一技術就能打天下，多的是要共同協作，發揮不同技術各自的強項，讓解決方案變得完整。這就像是 .NET 技術除了會搭配 Azure 的技術社群，同樣的也會找 Vue 技術社群的人來活動分享，藉此推廣來自不同技術的社群，也擴展彼此的技術線，這也是我們在活動規劃的一個重要目標。

因此攤位對於活動以及參與者來說，是有一定程度的正向價值的。只不過我們必須要注意到，攤位的安排不應該影響到活動的主要內容，也就是議程本身，以及活動的純粹性。因此在規劃活動的攤位時，除了和攤位溝通外，挑選適合的贊助商也是主辦方必須把關的。我們期望能做到為活動品質把關，而不是只要有人願意砸銀子，就能讓他當大爺的予取予求。

⭐ 火山爆發

在教育界或是有接觸 108 課綱的人，應該都聽過 STEAM 這個很流行的教育理念。STEAM 是由五個英文單字組成的，分別是 Science（科學）、Technology（技術）、Engineering（工程）、Arts（藝術）、Mathematics（數學），這個概念最早是由美國提出的教育理念，針對學齡前到高中整個義務教育階段，培養學生跨領域的能力，並且強調跨領域學習的能力。

圖 16-5　使用 STEAM 的火山爆發科學實驗，設計出搭配活動主軸的攤位活動

優質的贊助商在活動中的攤位表現，是可以讓活動更加熱鬧、精彩。用心的攤位主擔當會特別針對活動主軸來安排攤位活動，就有贊助商採用 STEAM 這種強調動手做（hands-on）、問題解決（problem-solving）、專案取向的教學（project-based），搭配活動的核心主題設計出有趣的攤位活動。

在友社的活動中，有攤位使用 STEAM 的火山爆發科學實驗來進行互動，藉由將化學材料比擬做團隊的一種特質，讓參與者能在調配團隊特質的過程中，嘗試看看怎樣的團隊特質能讓火山爆發的效果更好。這樣的攤位活動設計，不僅能讓參與者和贊助商有更多的互動，也能讓參與者從玩樂中學習與活動核心相關的知識，獲得更多收穫。

⭐ 捕獲大神

在 .NET Conf Taiwan 2020 的時候，有個比較特別的場邊活動，活動中有來自 LINE Bot 開發者 Kyle Shen 和 Alan Tsai 主動為活動開發的捕獲大神 Chatbot 場邊遊戲。這個遊戲主要目的是讓活動的學員將此 LINE Bot 加入好友後，可以在活動會場中尋找大神講師並掃描講師上的 QR Code，藉此遊戲拉近學員與講師間的距離，同時在捕獲到五位講師之後，還可以獲得抽大獎的資格。

捕獲大神這個遊戲設計與開發是使用 Python 和 LINE Bot Service 相關技術，雖不是 .NET Conf Taiwan 活動本身會分享到的技術線，但這種來自不同技術線的開發者在社群中彼此交流是相當常見的。在不同技術圈的活動中，展現技術社群之間互相支持正是社群強健的基礎。

圖 16-6　捕獲大神場邊遊戲不僅讓學員玩得開心，贊助商也跳下來一起宣傳

　　這場的場邊遊戲還產生了另一種額外的效果，由於我們在攤位附近熱鬧宣傳這個遊戲，引來許多學員的注意，同時擺攤的贊助商看到學員如此熱鬧的玩遊戲，也跑來一起叫勁宣傳，只不過他們是在宣傳自家的問卷抽獎活動。不過這樣共同宣傳所產生的互動效果，不僅讓參與者覺得有趣又玩得開心，也讓贊助商的品牌曝光度大大提升。

16.5　抽獎

　　藉由抽獎活動來吸引報名者的注意力，是一個很常見的活動行銷手法，使用當下稀有或難以購得的產品當作抽獎品項，往往相當吸睛。像是我就

很容易被像是 Nintendo Switch 健身環或是 PS5 之一類的抽獎吸引，即便根本沒有時間玩遊戲機。

不論場邊活動或是大會自身活動，經常會看見以抽獎作為活動的結尾。這樣的安排除了一開始說的行銷活動的需求之外，也是鼓勵學員在活動結束之前趕緊填寫活動問卷。學員填寫問卷一方面是讓學員能獲得抽獎資格，二方面是讓主辦單位能有效地收集學員對活動的反饋，藉此了解大家對活動的想法，以及有哪些地方需要做改善。問卷是主辦單位除了在活動中和參與者交流之外，另一個很重要的訊息獲得來源。

或許完成行銷目的，以及收集完學員的反饋，抽獎活動就算是達到最終目的了。不過對 .NET Conf Taiwan 來說，抽獎活動還可以有其他玩法。由於我們是技術社群，對於用程式抽獎這件事都抱持了一種一探究竟的精神。除了抽獎的機率是否平均，執行的方式是否夠有趣，甚至整個抽獎程式的架構以及解決方案，都要思考是否能夠夠好玩。

在 .NET Conf Taiwan 2019 的時候，一群講師在講完課之後聚在一起閒聊，這時候有位講師提出了一個有趣的想法，就是把抽獎的程式用最新的 .NET Core 來寫，就算是抽獎也要來一下最新技術的火力展示。這個火力展示的想法，造就了連續三年的 .NET Conf Taiwan 的抽獎程式，都是活動當天寫出來的。

前面有提到，在 .NET Conf Taiwan 2020 的時候有個捕獲大神的場邊遊戲，當時在確定要執行這套遊戲的時候，我們就有想過，抽獎的活動環節也可以用這個遊戲的方式來進行，因此就在執行遊戲的推廣時，就宣傳會用這遊戲的遊玩資訊做為大會驗證抽獎資格。不過當遊戲真的落實在學員間玩耍的時候，後續要用的抽獎程式都還沒個影子。

直到抽獎當天中午吃完便當後，找來了一群社群講師和捕獲大神 LINE Bot 的開發者，大家捲起袖子、開啟筆記型電腦開始 Coding 囉。就這樣經過 3 個小時的 Group Programming，符合抽獎資格的學員資料撈出來了，抽獎網站用網站的方式呈現，並架設在 Azure 雲端所提供的免費站台上，同時熟悉前端設計的講師也把抽獎的畫面刻的有模有樣。就在抽獎環節的前一刻，一刻就是 15 分鐘，抽獎程式上線了。

　　這樣搞抽獎對主辦單位來說，真的是又緊張又好玩。就這樣，連續玩了三年。

圖 16-7　講師坐在攤位旁 LIVE 寫抽獎程式（.NET Conf Taiwan 2020）

總召小筆記

在籌備 .NET Conf Taiwan 2019 之前,剛好去了趟位於美國華盛頓州的雷德蒙德的微軟總部,參加微軟舉辦的 MVP Summit,這趟旅程有種身為 .NET 開發者這麼久,終於有機會去發源地朝聖的感覺。

有了那次感受後,在籌備 .NET Conf Taiwan 2019 的時候,便想著,雖然無法和參加這場技術年會的學員們一同前往朝聖,或許可以藉由其他種方式讓這種感受延續下去。而且這是我第一次辦技術活動,總想著要留下些甚麼作紀念,於是我找了插畫朋友請他幫忙畫張 .NET 機器人的海報,然後請製作物的廠商幫忙輸出成 A0 尺寸的海報,擺在活動會場中讓學員簽名留念。

我心裡也計畫著,有一天我要帶著這張海報去美國微軟總部,讓這張海報和微軟總部的招牌拍張照,當作我第一次辦技術活動的結尾。

不過那年過後隨之而來的卻是 COVID-19 大疫情時代,別說許多飛機班次都被取消了,國內的社群活動也都被迫取消或轉往線上小聚,就連身為 MVP 每年最想參加的 MVP Summit 也變成了線上的活動。因此我也沒有辦法帶著這張海報去微軟美國總部,帶當時讓學員們簽下名的海報去美國,於是只能默默的收在房間中,等待之後的機會到來。

寫下這段文字的時候已經是 2023 年了，雖然疫情已經幾乎可以說是結束了，但飛往微軟美國總部的機會還沒出現，我會把這件事繼續放在心上，接著，也只能繼續等待。

讓我們回到攤位活動這個話題。一般來說，攤位活動都是設計給學員來參加的，當然，不論是抽獎還是遊戲，有些攤位活動是不會限制參加的人只能是學員，講師和工作人員都可以跳下去玩。許多跑社群的人都滿喜歡攤位所設計的活動，講師和工作人員也不例外。

在 .NET Conf Taiwan 2019 的時候，那時不只製作了可以讓學員簽名留念的海報，也有製作了可以讓講師簽名留念的海報，這海報的紀念價值也是相當不斐，上頭可是有許多技術大神的真跡，把這海報放在電腦旁，開發出來的系統程式都沒有 Bug 了。

不過長期觀察下來，確實很少聽到有活動是設計給講師玩的，.NET Conf Taiwan 2020 的捕獲大神倒是第一次由講師和學員共同玩的活動。我想這也是吸引很多學員共襄盛舉的原因之一。應該不會是單純能夠抽獎的關係吧。

對於社群活動來說，主體是社群也就是來參加的學員以及講師，甚至每一位工作人員。所以，我們在設計活動的時候，不只要考慮到學員的求知需求與活動是否有趣，也要考慮到講師和工作人員能否在整個活動中開心的分享與玩樂。如此一來，除了能讓整個活動更加完整，也對於每一位來參加社群活動的每一個人，在活動中留下美好的回憶。

圖 16-8　A0 尺寸的活動海報，讓學員在活動場上留下紀念簽名

圖 16-9　A1 尺寸的活動海報，讓講師簽名給我做紀念

17 活動現場

在技術社群的活動現場會發生很多事情，有些是非常歡樂又愉快的，有些則是相當具有急迫性及壓力的。在享受活動帶來的歡樂時，也要時刻注意活動的進行以及處理突發狀況。在活動的籌備階段，我們會在規劃行銷活動的時候，製作一張行銷行事曆，藉此幫助行銷活動能以有系統及有效率的方式進行。當場景來到活動現場，在活動的執行過程中，一張活動流程表也能夠幫助活動執行人員更有效地管理和執行活動。

活動流程表除了可以在活動過程中協助我們清楚了知道即將發生的事情，並且做好相關的準備動作，更重要的是讓每位第一線的工作人員能夠知道活動的狀態。

在籌備活動的時候，活動的分組基本上可以分成五組（詳見第九章），其中活動組和機動組的設定，就是為了對整體活動的順利進行而安排。為了讓這兩組的工作人員能夠更有效率地執行，活動流程表就是一項個非常有用的工具。

活動流程表的內容可以不只是甚麼時候做什麼事，基本上可以確保以下幾點：

1. **時間安排**：確保活動的各個部分按照預定的時間進行

2. **責任分配**：提示各個任務的責任分配，以確保活動中的各項任務有人力可以支援

3. **準備**：詳列活動中所有必要的設備和物資都，確保各項設定準備妥當

4. **安全**：緊急聯絡資訊及場地方的對應窗口

17.1 交流與下午茶

基本上要安排整天的活動時，交流和飲食時間是必不可少的。在活動的時間安排上，我們會在活動流程表中安排一個或多個時間點，讓大家可以進行交流，甚至會安排一些交流空間，擺上桌椅或布置區務，讓學員有空間和講師或學員彼此進行交流。通常這個時間點可能會安排在活動開始前、午餐過後或是下午茶時間，一方面讓大家有空間用餐或享用下午茶點，二方面可以充分利用時間來和社群的朋友們話家常。

對於學員來說，這是一個非常好的休息時間，可以讓大家可以放鬆心情的和大家交流。但是對於工作人員來說，任何關於學員用餐的時間點，都是一個要讓自己隨時處於戰備狀態的時間。

如果活動有安排學員的便當或下午茶，在食物送達之前工作人員必須將環境打點好，從空間的清理到桌子的擺放，過程中可能還需要隨時連絡場地方的工友，隨時調度桌子和看板，確保擺放餐點和取餐的動線是順暢的。

在食物送達並擺放好之後，也還不到鬆懈的時候，特別是下午茶時段。一般來說，下午茶會採兩種模式進行，第一種是採用餐盒的方式發放，這點不太會有問題，只要分類好葷食、素食即可。另一種方式則是採自助式，以外燴的方式提供精緻的茶點，讓學員自助取用。這時候很容易出現飢腸轆轆的學員想早點享用，這時候的工作人員必須適時阻止並告知開放取用的時段，並且在開放享用的同時，隨時監控食物的數量。

圖 17-1　美味的外燴下午茶

　　不過如果是採用外燴的方式來提供下午茶時，外燴茶點吃完就是吃完了，也不太可能請外燴廠商再補充。因此工作人員必須在食物被吃到剩一半的時候，隨時調度活動供品，也就是大量的零食、餅乾、小糕點等俗稱的垃圾食物。這些好吃的垃圾食物不僅可以抓住學員的胃，也可以讓主辦單位容易掌控食物用量，因為大多數的零食都是採用袋裝的方式，這樣的包裝方式能讓學員輕鬆取用之外，工作人員也很容易的添補及掌控數量。

　　在一陣吃吃喝喝的同時，學員們也會開始進入交流的模式，而在這段時間過後，工作人員還有另一項重要的任務。沒錯，就是收拾以及環境的整潔。

　　將挪動來的桌子歸還是基本工，處理大量的垃圾才是最困難的。

　　如果租用的場地是商業空間時，基本上場地方都會安排清潔人員，除了不定時清理一般垃圾和回收垃圾外，在用餐時段也會設置廚餘回收桶，

讓垃圾這個大魔王可以少放一點大絕招。不過如果是在學校或是公共場地舉辦活動，那麼就只能捲起袖子，工作人員們親自動手，辛苦點了。

總召小筆記

在 .NET Conf Taiwan 2019 的時候，雖然是我第一次辦活動，但憑藉著有前人的提點，在活動執行之前就準備了一些垃圾袋，以應付活動過程中所產生的垃圾。那年由於中午是不提供午餐，讓學員去活動地點鄰近的商圈自行用餐，僅在下午茶時段提供外燴茶點，因此在那次活動沒有出現垃圾危機，大部分的垃圾問題被分散到鄰近店家與外燴廠商身上。

不過隔了一年之後，先前準備的垃圾袋還留在活動整備箱中，想說這次的活動應該也不會有大問題吧。

結果莫非定律就是這麼莫非。在 .NET Conf Taiwan 2020 的時候，我們中午提供了學員餐盒，下午提供了與餐點盒，中午的餐盒充分利用了前一年留下的垃圾袋。就在下午茶時段時，垃圾桶爆炸了，排山倒海來的包裝與餐盒垃圾就只能堆放在垃圾桶旁，逐漸形成垃圾山。

這時候我心想，這樣下去不僅肯定會被場地方列入黑名單的，還會造成當下的環境整潔問題。

眼看活動整備箱的垃圾袋已經消耗殆盡，看著手上的活動流程表找到一位相對空閒的工作人員，請他趕緊去附近的便利商店買大號的專用垃圾袋，解決燃眉之急。五分鐘後，接到來自這位夥伴的電話，表示附近的便利商店只剩下 14 公升的專用垃圾袋，沒有大型垃圾袋了。

此時只好心一橫，直接跨上停放在場地旁的 YouBike，開啟 Google Map 邊騎邊尋找最近的量販店，量販店總會有黑色大型垃圾袋了吧。所幸運氣不至於太糟，附近 1.4 公里處就有一間台灣最大的本土量販店。在這間量販店買回一大包黑色垃圾袋後，趕緊請工作人員幫忙清除 Overflow 的垃圾，還給會場一個 Clen Architecture（乾淨的建築）。

17.2 每一場都是獨一無二

　　.NET Conf Taiwan 2019 是我第一次籌備社群活動，老實說剛接下任務的時候確實是有點緊張，對於社群活動的幕後細節可說是全然不知。雖然那次在執行活動的時候，時時刻刻充滿著緊張感，但是在活動過後最讓我印象深刻的，卻不是緊張感所帶來的焦慮，而是令人滿足且獨一無二的成就解鎖。

　　每當我回想起這場活動時，我記憶中所留下是許多美好的畫面。我的腦海中清晰的記得活動開始前報到處的人潮，開場前諾大的階梯教室坐滿了熱血的學員，就算開場前還在為兩間教室的聯播問題傷透腦筋，耳朵上的對講機也一直在嘀嗒嘀嗒的發出各種問題的聲音，但眼前學員們期待這場活動的神情至今令我難忘。

⭐ 攝影師的重要性

在這些美好回憶之中，我心中還是對這次活動有著一絲遺憾。我後悔沒有為每一場議程安排完整的錄影，將每位講師的意氣風發留存下來，記錄下每一場講師的精彩分享，也因此讓我無法好好的回顧活動中的美好時刻。特別是在我明明就身在現場，點頭陣陣的議程，卻因為我的記憶和專注度不足，無法仔細品嘗每一段講師的見解時，我更加後悔。

還有另一個更讓我後悔的是，我竟然沒有請專業的攝影師在活動中拍照，僅僅是交代了工作人員有空時多拍幾張照片。在活動結束之後，每當我想好好重新回顧這次活動的美好時刻時，我卻發現我沒有足夠的照片來回顧。這時候就會發現，即便有許多手機側拍留下的珍貴照片，但相比專業攝影師所留下的畫面，更能夠讓我們回顧當時感受到活動的氣氛。

因為這樣，後來的 .NET Conf Taiwan 技術年會我記起了教訓，特別是在舉辦這種年會活動的時候，都會請專業的攝影師在活動中拍照，畢竟專職的攝影師能捕捉到的活動動態，比起高階手機的側拍照片，層次相差太多了。

另外，專業攝影師還更能捕捉到講師們分享的英姿，而讓講師在活動後收到照片時，將社群媒體的大頭照或之後的講師介紹頁面上，用上這些活動照片，這也讓我們感到心有戚戚焉。這就像是我們將這些活動花絮的照片張貼到社群媒體時，看到講師和學員轉貼、分享這些活動照片的時候，我們的心情也是相當興奮的。

請專業攝影師拍照雖然會增加額外的費用，基本上可以一天抓個 1 萬塊當作預算，雖然多了些開支但我認為這是相當值得的。這點開支不僅可以讓我們留下更多的美好回憶，對於社群之後的活動推廣、企劃書製作都可以美美的呈現 .NET Conf Taiwan 所留下的歷史痕跡。

⭐ 議程共筆

幾乎每次社群的技術分享活動都會有人詢問是否會提供議程投影片，或是詢問議程的錄影會不會公開。這些問題其實都是相當合理，而且我們也都很明白為什麼學員們會提出這些問題，因此也會想盡可能的讓每一場議程的紀錄能讓學員們終身受用。

不過有時候會礙於某些因素，讓我們無法提供完整的議程紀錄，但實際上是有另一種方式能讓達到相似的效果，那就是議程共筆。

關於議程共筆，對大多數有參加過各種社群活動的學員來說，應該都不陌生，特別是研討會的好夥伴 HackMD。議程共筆是指一種透過協同撰寫的方式，讓參與者可以即時記錄議程內容，以便讓後續讓之後的參與者能夠更好地回顧和了解議程內容。

只不過這樣的方式，其實是有一些缺點的。例如當講師口若懸河，或是資訊量太龐大時，學員就會選擇專心聽講，而不是將心思放在共筆上。專心地在當下聽講，將當下所分享的知識吸收進去，這也才是學員應該做的事情。

我們也在想，要如何在不影響學員學習的狀態下，讓議程共筆能發會最大的效果。因此我們在每間教室安排了教室小幫手（詳見第九章），讓小幫手幫忙紀錄議程中的重點資訊，將每一場議程用文字的方式保留下來。這樣不僅能夠確保學員專心聽講，也能將議程內容有效紀錄下來。

此外，以文字的方式保留下來的議程內容，能方便後續的學員搜尋重點、快速回顧，同時也透過不同於影音的載體，留下活動過後所產生的點點滴滴。

17.3 活動伴手禮

還記得小時候去世貿逛資訊展的時候，最期待的就是到各個攤位拿免費的小禮物，是不是 Show Girl 發得並不重要（嗎？）。長大後的我比較少去資訊展了，倒是跑了不少場社群活動會場，而社群的活動場子或許是受到資訊展的影響，也是會發送不少紀念品。

最常見的紀念品莫過於貼紙和 T-Shirt 了，我甚至有一個鞋盒專門在收藏每次活動獲得的貼紙，同時還有一個抽屜裏面有一半是社群的紀念 T-Shirt。

對於參加活動所獲得的紀念品，相信很多人都滿喜歡的，於是每年的各大社群所舉辦的年會中，紀念品的創意也是活動中的一大看點。

還記得在開 .NET Conf Taiwan 2019 的籌備會議時，可能是因為每次這場技術年會所舉辦的時間點都在冬天，所以就有人嚷嚷著說想要做外套。不過要製作紀念外套了話，所需要的費用其實滿高的，若是每位學員都附上一件外套，那票價可是會超過我們期待的位階。於是在不想讓參加者負擔太多的情況下，我們就決定維持原本想設定的低票價，僅使用少量的經費來製作少量的紀念外套給辛苦的工作人員和講師。

由於想壓低製作費用但又有維持一點紀念品該有的品質，於是選擇了 UNIQLO 的成衣外套。在選定適合的樣式後，若是要向 UNIQLO 大量採購，那數量是真的要很大量，我們頂多就 50 件，於是被告知只能去現場購買。於是為了搜刮外套，我跑了 5 間 UNIQLO 終於湊齊所有數量，並將這些外套送到印製廠商，印上 STUDY4 .NET Conf 的紀念 LOGO。

圖 17-2　.NET Conf Taiwan 2019 的紀念外套

那學員有沒有紀念品呢？當然有，那年我們向 .NET Conf 美國官方索取了很多 .NET Conf 紀念小物，像是當時愛護海龜必備的環保不鏽鋼吸管，以及預先放在報到包的各式貼紙小物，也是受到學員們的喜愛。

隔年的 .NET Conf Taiwan 2020 剛好是 .NET Conf 10 周年，因此我們想藉此機會做一些紀念品送給每一位學員，但是由於疫情的關係，許多製作廠商也有停工、缺料的問題，增加了找到適合紀念品廠商的難度。

或許是疫情的關係，當年度的各大年會紛紛選用了台味十足的啤酒杯做為紀念品，我們當然也不例外，於是找到了一間台灣製造啤酒杯的廠商，並設計了兩款紀念樣式作為啤酒杯上的噴砂圖案，增添活動的氣氛。

圖 17-3　.NET Conf Taiwan 2020 的紀念啤酒杯

　　選擇啤酒杯這種紀念品有個好處，就是沒有像衣服一樣容易有尺寸的問題，因此在數量上相當容易控制，生產成本也相對容易計算。當年有 536 位學員報名參加活動，加上講師和工作人員至少需要 600 個以上的啤酒杯，於是我們訂了兩款樣式各 400 個，贈送給報名參加的學員。

　　由於是隨機贈送，所以會拿到哪一個款式誰也說不準。我記得當時還有兩個女生在會場中找到我，詢問能不能購買成對的啤酒杯，很可惜當時我們是在學校的場地，所以活動中不能有任何的商業行為，只好告訴她們之後我在想想辦法。如果這兩位在事隔多年後還是想湊齊一對的話，聯絡我，我繼續幫你想辦法。

18 放飯囉！

經過一整天的知識洗禮，到了最後一場議程時，這時候的學員們基本上要不是鵝鶘被灌頂，就是意猶未盡想要和講師們繼續討教，當然也有不少人是海綿腦袋吸飽飽的狀態，想趕緊回家休息。不過對於已經想早點回家休息的學員來說，活動距離結束，還有最後一哩路，而且這一哩路往往還要走很久。

社群所舉辦的活動，往往最後一場議程是經過一些特別安排的，但這個安排不是為了活動或學員，而是為了講師。怎麼說呢，有些社群講師非常熱血，不分享則已，一分享就是滔滔不絕，表定 50 分鐘的議程，可能會變成 1 小時，甚至是 1 小時半，因此主辦單位會巧妙地將這些講師安排在可以放心他講超時的場次，例如中午前一場，或是活動結束前一場。

「離表定結束時間還有五分鐘，需要提醒講師時間嗎？」教室小幫手在教室偷偷用對講機問了一句。

「沒關係，還有五分鐘呀。」

「可是好像只講到一半耶。」

「沒事，讓老師自由發揮。」對講機的另一端從容且淡定地回答。

十分鐘過後。

「那個，下課時間已經到了，但老師好像還有很多還沒講耶。」

「好酒陳甕底，場地還有點時間，讓大家盡情挖掘知識吧。」

又過了十分鐘。

「稍微打個 Pass 好了。」還是會擔心講師忘記時間，稍微揮了揮手
示意了一下。

「那個我還有多少時間可以講呀？」老師主動問了這個問題。

「負 10 分鐘吧。」尷尬又不失禮貌地微笑。

「場地超時不會被罰錢吧。」話說完，接著繼續用力分享議程內
容。

又過了十分鐘，其他間教室的學員早就已經紛紛下課了，只剩下這間
教室的學員還在聽講，這些已經下課的學員也開始聚集到這間「ㄟ！上課
中」的教室。

「等一下還有什麼活動嗎？」活動共同籌辦的成員也來表示關心。

「閃電秀和抽獎吧。不過閃電秀是可以縮短或拿掉，我們可以只
留下一些時間來做抽獎就好。」

「那我們還有幾分鐘可以讓老師講？」

「60，59，58...」

接下來十分鐘，有一群人站在教室最後面演起了默劇，揮著手、摸肚
子、指手錶，一直到老師過足了癮頭。終於結束，但還沒講完。

通常在活動進行到最後一場議程的時候，一般來說會出現三種狀況，
第一種就是像上面的情境，超時分享，這在技術社群的活動中相當常見，
浩瀚的技術海，能分享的真的太多了。

另外兩種狀況則是閃電秀和抽獎，前者如果時間允許又有人報名，一
定會像盡辦法安排給想分享的人，就算場地超時被罰錢也要安排。關於閃
電秀的細節，可以翻閱創造活動亮點這一章。

至於抽獎，這可以用最快的速度將獎項抽出，如果時間真的不夠，也可以活動結束之後，另行抽出，但這樣做是會增加後續的作業難度，非必要時可別這樣做。因此我如果真的遇到這種情境，我會把大獎抽出來後，剩下的小獎就來個好禮大放送，把所有要送的東西擺出來，讓大家自行挑選喜歡的然後帶回家。這樣我也不用再把東西搬回家，賓主盡歡，多好。

18.1　散場前的小筆記

「感謝各位學員和講師熱情參與本此活動，所以議程與活動即將進入尾聲，大家明年見囉。」

當曲終人散，學員也陸續收拾書包準備回家了。不過，你以為活動這樣就算是結束了嗎？當然不，幕後的另一齣重頭戲才正準備要開始！

表訂上的活動都結束了，大部分的學員也陸續離開活動會場，活動表面上拉下了帷幕，但活動的後續工作可還沒有結束，現場有許多設備和布置物需要收拾，場地也必須要回復原狀。

關於散場後要做什麼事情，經過這幾年舉辦年會的經驗，我有個小筆記分享給大家。

活動熱鬧結束之後，工作人員忙活了一整天，這個時間很容易開啟嬉笑打鬧，開懷暢聊。這時候第一件事就是聚集大夥在主視覺的輸出背板前，或是足夠大的空地，拍張大合照。這點超級重要，除了這張照片非常有紀念價值之外，還能招集大家在一起宣達等一下要去哪裡吃慶功宴，以及聚集現有所有人力，好安排接下來的收拾工作。

第一件事是先處理餐食，如果可以這件事最好提前到最後一場議程的時候同步處理，根據經驗，越晚處理這件事，這件事就越難處理。

幾乎每次舉辦活動到最後都會剩下很多餐食，可能是下午茶餐盒、餅乾、飲料等各式供品，如果當下有離開的學員願意帶走餐盒，或是轉贈場地的工作夥伴，盡量不要浪費食物了。

活動會場的大型的輸出物基本上會有廠商過來拆除、回收，我們則是需要將教室內布置物收拾好，並且將設備歸位同時注意有無學員的遺漏物。同時，活動攤位的桌椅收至指定位置，並請電工廠商協助拆除線纜、復原場地。

再來環境整潔非常重要，垃圾的分類同樣也是。這段其實應該在活動場佈的時候就該提，只是每次場佈的時候很容易忘記這件事，等到垃圾滿溢出來的時候，才會驚覺垃圾的可怕。正所謂「垃圾分類做得好，環境變得更美好」。

圖 18-1 　.NET Conf Taiwan 2019 大合照

圖 18-2　.NET Conf Taiwan 2020 大合照

18.2　安排慶功宴

活動總算是告一個段落，也好不容易將場地收拾好了，對於活動夥伴的辛勞，總是要犒賞一下大家，感謝大家熱血又無報酬的支援。接下來，就是邀請講師和工作人員大家一起去吃慶功宴的時間啦。

關於慶功宴的安排，過程中要準備的事情還真不少，而這些事情都需要提前安排好，不然到時候會讓大家很不方便。基本的準備包含：

1.　餐廳的尋覓

2.　講師的邀請

3.　人數的確認

4.　大家的飲食習慣

5. 餐點的選擇設計

6. 餐廳的交通方式

7. 付款細節

萬事起頭難，在不知道有多少人會參加的情況下，要選擇適合的餐廳並不容易，特別是人數眾多的情況下。因此在這種技術年會的慶功宴，最好找一個可以彈性調整人數的餐廳，這樣就可以避免人數太多或是太少的情況。

在調查參加慶功宴的人數時，先確認講師的當天的時間能否參加，以及是否會有其他嘉賓隨同，畢竟社群活動佔用了講師事前事後很多時間，邀請講師家眷一同參加，這樣也是一種尊師重道的表現。

接著再來調查忙活了一整天的工作人員，以及贊助商和攤位夥伴是否要一起參加慶功宴。活動期間大家其實都相當忙碌，透過共進慶功宴，正好有助於增強夥伴關係，並提高他們對社群的熱情。

餐廳的選擇方面，一般來說，熱炒店是最經濟實惠的選擇，除了用餐人數容易跟店家調整之外，食物的選擇也是很容易滿足大家的飲食習慣。如果想要藉由此慶功宴來招待國外的講師或朋友了話，熱炒店也是一種非常具有特色的用餐環境。

不過熱炒店的缺點就是環境通常會比較吵雜，畢竟這種場合就是以熱鬧為主軸。因此如果想要有更好的用餐環境，那麼可以選擇比較精緻又適合團體聚餐的餐廳，例如美式餐廳或是餐酒館。這類型的餐廳除了有大桌子可以安排較多人數的團體客外，也可以請店家提供包場的服務，讓大家有更好的用餐環境。

以 .NET Conf Taiwan 2019 的慶功宴來說，我們選擇在 TGI FRIDAYS 美式餐廳來舉辦，因為事前預估人數會超過 50 位，所以我們直接選擇了包場的服務，讓大家可以在一個比較專屬的環境下享用美食，畢竟可能變成我們嘻笑打鬧，反而打擾到別人。

不過通常包場的服務都會有一個最低消費金額，這時候可以請店家幫忙按照預算擬客製一份菜單，看是要採用共食或是個人套餐的方式都可以，只要注意大家的飲食習慣，是否有素食等需求即可。

至於酒水的部分，這是很多活動慶功宴常遇到的問題，這個問題除了是否要自備酒水，還有不是每個人都會喝酒，就算會喝酒，大家的酒量不是成常態分配的，要在酒水這件事上做到皆大歡喜，並不是件容易的事。

我嘗試過三種作法，第一種是請店家設計菜單的時候，就讓賓客可以自由選擇各式飲品，以一杯為限。當賓客需要再點一杯時，就另外收費處理，這樣的方式在預算上會比較容易控制。只不過通常餐廳所提供的酒水價格會比較貴，若是想要控制預算的話，可以選擇第二種作法，自備酒水。

我試過請店家幫忙代購各式罐裝啤酒，抓一人兩罐 500ml 的罐裝數量，集中擺放在餐廳中間，讓大家可以自由取用。通常罐裝啤酒的價格會比餐廳提供的便宜一些，且這樣可以讓賓客自由取用，想多喝點就多拿些。不過這樣做雖然充分掌握了預算支出，但酒水的種類無法做到多樣化，而且也會有人不喜歡喝啤酒的問題。

最後一種作法有點瘋狂，喝到飽。在 .NET Conf Taiwan 2020 的慶功宴的餐廳安排上，我們選擇了饗食天堂，這是間自助吃到飽的餐廳，除了供應豐盛多元的餐點外，各式飲品也都可以自由選擇，其中包括各式紅白酒及啤酒。

從這幾次慶功會經驗中讓我觀察到，在飲酒方面講師普遍小酌，工作人員普遍豪飲，歡樂的氣氛同樣有。在交流方面，一同共進晚餐或慶功宴有助於增強專業領域的人脈網絡，有助於以後的合作。這個場合能增強社群成員間的連結外，同時也是一個能以輕鬆、自然的方式了解彼此的機會。

當然填飽飢餓的肚子，撫慰疲勞的心靈也是慶功宴很重要的任務之一。

18.3 結案報告

慶功宴算是告一個段落了，對活動中 99% 的人來說，這一切都劃下了句點。對籌備人員特別是總召來說，這一切還沒結束，接下來還有收集議程投影片、影音檔後製、問卷整理、票務處理、帳款結清以及結案報告。寫到這裡才明白，一場活動結束之後，其實還有這麼多事情要做。

每次社群活動的過程中，一定會有一些來自學員的必考題，最常被問到的就是「是否會提供議程投影片和錄影檔」。通常議程的投影片會在議程結束之後，會由大會向講師收集後統一發布，而錄影檔就不一定了。關於錄影，我們是以紀錄為主，分享為輔。因為錄影檔可能會有講師的內容問題，例如現場 LIVE DEMO 展示的時候，可能會有一些像是序號等敏感資訊是不適合被公開的，這些會請講師做進一步的判斷。當講師覺得這些內容不適合公開，大會就會選擇不分享。另外，當影片錄製品質不佳的時候，也會選擇不分享，這些都是為了保護講師的權益，也是為了保護社群。

問卷的整理是我最喜歡的一部分，透過閱讀每位學員提供的建議，可以讓我們了解到學員對於活動的看法，以及學員對於社群的期待。這些資訊對於我們來說是非常重要的，因為這些資訊可以讓我們了解到學員的需

求，也可以讓我們了解到社群的狀況。這些資訊可以讓我們在下次活動的時候，可以做出更好的決定。

票務的處理，是指在活動結束後，處理現場遇到票務問題，可能是退票、發票、出席證明等。這個部分的工作量不大，但是卻蠻繁瑣的，需要花費一些時間。基本上票券的退費都是透過售票平台來處理，票款入賬這件事也是要在活動結束之後，在售票平台上提出申請。

票款入賬申請到真的入帳，通常需要一個月的時候，這個等待的過程中，有些費用的結清是要先行處理的。因此帳務的明細比較登記清楚，千萬別讓某些人代墊了款項後，拖欠太久而造成對方的困擾。有錢都沒事，欠錢事一堆，要注意。

最後，結案報告，這個部分是總召的最後一個任務，也是相當重要的一份文件。這個報告內容會明確闡述活動的成果，例如活動參與人數、活動效果、收集到多少有效問卷，並且對活動結果進行分析，像是學員的報到率、職務分布等。這些資訊可以讓我們了解活動真實的狀況，也可以用來規劃下次的活動，同時也可以用來向贊助商報告活動的成果。

或許，這本書也算是某種結案報告吧。

在這本書中，我們聊到了如何籌備和舉辦社群活動，從活動規劃、設計到實際執行的場景。在這個過程中，我們經歷了很多也學習到了很多。這些經驗和知識，我們都希望能夠分享給更多的社群成員，讓他們能夠更有效率地籌備和舉辦社群活動。也讓幕前的會眾們有機會了解活動幕後的運作，以及更了解社群，這些都是我們希望這本書能夠達成的目標。

最後，我要特別感謝所有在活動籌備過程中幫助過我們的人，沒有你們的支持、鼓勵與參與，我們不可能完成這幾次盛大的 .NET Conf Taiwan，感謝你們！

Note

第三部

後台小劇場

在一個人的生命中，會有不同時期需要做不同重要的事
情，也一定會有一段時間會因忙碌而無暇參與，但不管如
何，很感謝每一位在社群中遇見的各位，也謝謝你的們鼓
勵與支持，我們會繼續努力走下去。

19 現場聯播

到了每周籌備會議的時間，這時候報名平台上顯示，已經有超過 300 人報名參加。

許多活動用的商業空間都會在室內空間做出彈性隔間的設計，可以將空間隔成多個隔間，也可以打通變成一個大的空間，動態調整空間以容納不同人數規模的活動。

當空間容納不了這麼多人同時坐在裡面的時候，最簡單且粗暴的解法就是找一個更大的空間做 Scale Up。

只是場地並不像雲端資源那樣，可以輕鬆滑鼠點幾下，立刻就將所需的資源 Scale Up。況且我們本來就沒有這麼多錢可以負擔商業空間，能找到符合預算又可以提供 300 個固定座位的階梯教室，已經是有限的經費下所能找到的最佳解了。

一般來說，在活動開始的時候會進行一個簡短的開場，將需要公告的活動資訊傳達給現場的學員，並且隨即就會接上活動的第一場 Keynote。因此活動開始的時候，最好聚集所有的學員，讓所有學員能聽到所分享的內容。

關於空間無法容納所有報名的學員這個問題，在真實上演之前，我們在籌備會議就提出了很多想法，也在後續的周會議中討論了很多個方案。

「以前在辦年會的時候，一定會有某些議程特別容易爆場，不可能所有人都塞進那場議程中呀。報名頁面和行前通知特別標註一下，課程採先進先參加就可以了。」

　　的確，在活動規劃上，教室內的空間本來就是有限的，自然會以先到先坐的方式進行，因此在活動注意事項中，特別標註「本系列課程為先入場先參加課程」，這樣還可以提醒學員座位有限，想要有好位子，記得早點進教室。

　　不過，雖然可以這樣打預防針，避免日後的一些怨言，但身為總召的我仍然覺得，我們應該可以做些什麼改變或嘗試，打破這個先天限制才對。更何況，我內心認為不管學員想不想聽開場，都應該要想辦法讓所有人都能行使這樣的權益才對。

　　「我們要不要來玩直播？」當時的第一個想法就是線上直播。

　　虛實整合活動（Hybrid Event）已經不是新概念，這樣的做法能讓學員觀眾自由地選擇要參加實體或透過線上的方式觀看。

　　如此一來，空間的限制就被打破了，所有人都可以在任何地方看到開場以及 Keynote。而且有些人甚至會虛實同時進行，看到現場講師的分享，同時在行動裝置上觀看線上的內容直播，進而更容易的收集分享中的數位內容。

　　不過要做到公開或封閉的線上直播，對設備及網路穩定性都是種挑戰，這也包含背後所需要的成本與費用。但不得不說，這樣的方式確實是能解決有限空間的問題。

　　「我們應該沒有那個經費可以請直播團隊吧。而且直播蠻吃網路頻寬和穩定度的，不知道學校的網路撐不撐得住。」

　　「還是我們不要公開，限縮在每間教室做聯播就好。直接每間教室放一台筆電，然後用 Microsoft Teams 開線上會議，這樣就可以輕鬆做到 Scale Out，將教室串聯起來做同步播放。至於網路，我

們找天去測一下學校網路，在不然用手機的 4G 網路應該也有機會。」

由於開場的內容除了會有投影片之外，還會播放影片，擔心影像和聲音會出現問題。因此大夥在紙上沙盤推演了幾次，推敲出可行的聯播架構，在測試當天測試起來也蠻順利的，看似沒有什麼問題，直到活動當天。

「聯播的 B 教室有畫面，沒有聲音耶。」

「好像是電腦聲音進了擴大機之後，Teams 就送不出聲音了。」只剩下教室 A 有聲音，以及耳邊的對講機傳來活動現場的各種支援呼叫。

在把心中 Plan B、C、D 的架構以及手邊設備搭配了一輪之後，事情依舊沒有起色。再 30 分鐘就要開場了，A 教室中也漸漸坐了不少學員。

緊急聯絡了當時有在玩 OBS（Open Broadcaster Software）的社群講師 Kevin，討論了一番，結論是趕緊打電話給玩 OBS 玩得更徹底的 Amos，請他幫忙借專業型無線麥克風，透過他將聲音傳到對面教室 B 的擴大機。

「Amos 救命呀，我們的聯播有大狀況，需要你強力支援！」

「我過去跟五倍紅寶石借借看，大概 15 分鐘能到會場。」

「麻煩了！」我當時真的跪在地上邊搞設備邊講電話。

最後，Plan F 在開場的前 3 分鐘救了 .NET Conf Taiwan 2019，這裡再一次感謝有在玩 OBS 的社群好友們，以及無私借設備的五倍紅寶石。想精進開發技術的學員們，五倍紅寶石有各種優秀的實戰課程，趕緊去報名唷！這不是業配，這樣你知道我有多感謝了。

圖 19-1 才剛要進去搞聯播設備，就有學員坐在裡面等開場了，
這位上進的同學我壓力很大耶

20 不是每筆贊助都適合

舉辦社群活動的時候，如果有贊助商的資助或幫忙，可以讓活動辦得更順利。不過要找到贊助商並不容易，要找到適合的贊助商更難。

站在社群公益的立場，想像中的贊助是一種熱血，是一種想共創春池的理想。不過大部分的時候，贊助行為的背後很容易變成是一種利益交換，或者，你只是不知道這其實是一種交換。

在某些情況下，贊助商可能不僅僅是出於無私的公益動機，而是希望從中獲得某種回報。這種回報可能是形象提升、商業利益或其他方面的好處。因此，我們期許自己要警惕潛在的利益交換，盡可能維持社群活動的純粹。

「有了過去成功的活動經歷，規模也做大了，自然會吸引很多人的目光，特別是贊助商。不過不是每筆贊助都適合，要注意與贊助商的合作方式，以及要注意對方的名聲。」

「這方面我不是很懂，可以多說明一下嗎。」

「有人提供活動所需要的資助當然很好，畢竟這種大型的活動需要很多開銷，不只是資金，食物、飲料、贈品等等這些都是開支。但是之所以會送上這麼多幫助，背後可能不單單只是熱血贊助而已，或許是想藉此行銷自己，更誇張的有可能是想借你的活動"洗白"。」

「洗白？聽起來有點危險。」

「危險是不至於，倒是可能會讓活動蒙上一層陰影，或者是讓人覺得你們怎麼會跟這些廠商有合作。過去就有案例，贊助商在合作過後過度放大他在活動中的影響力，講的好像沒有他們活動就沒有可看性。這就有點像是吃別人豆腐，還到處嚷嚷這豆腐沒有他的筷子還不好吃呢。」

「嗯，我明白你的意思了。所以在選擇贊助商的時候要格外小心，確保彼此的理念接近，並且不會對活動產生負面影響。」

「沒錯！選擇贊助商的時候，最好做一些調查，了解他們的背景，或者和相關產業的人士多聊聊。跟你說這些，可能會得罪一些人，但總覺得要提醒你一下。」

「謝謝你的建議！你沒跟我說，我還真的不曉得要多這層思考。」

我知道找贊助商會有很多眉角，除了要做企劃、在活動中安插推廣、撰寫結案報告，但沒想到竟然還需要做這種事前調查。

以專業的公關公司來看這件事，在尋找合適的贊助商時所需要考慮的細項其實非常多，多到有檢查清單（Check List）和標準作業程序（SOP），甚至會有合作條款等紙本約定了。畢竟兩間公司的合作，是需要細思各種合作所產生的後果，這些後果可能會直接或間接地影響到公司的形象，甚至是往後的發展。

以社群的角度來看這件事，或者說，以我的角度來看贊助這件事，我認為凡事以學員的利益為宗旨。當這件事是對報名參加活動的學員有益的，即便再麻煩，要寫企劃，要搞結案報告，要配合安排各種大小事，我 OK。

不過有兩點不能妥協，學員的權益以及是否有疑慮。

很久以前，辦活動的背後就是為了後續行銷，提供贊助也是為了取得相關資訊做當下或後續的行銷用途，但時至今日，不論是適宜性還是個人資料保護，都不允許我們這樣做。

另外，我個人有一個小哲學「有疑慮就不做」。如果對某件事情有著懷疑，與其讓自己一直處於焦慮，不如就放下往其他方向邁進。這樣的思考方式不僅是用在買東西（不知道這東西好不好、是否划算），還是接下翻譯名家名著系列（我接下任務的時候真的沒有在懷疑），以至於決定是否要接受贊助。如果這項贊助有可能造成不良的影響，就給予禮貌地微笑和說聲謝謝了。

活動少點有疑慮的事情，也就讓自己少點焦慮，自然就輕鬆點。

「新年快樂！你知道嗎，你應該是做對了什麼事，竟然已經有人來問下次活動的贊助方案了耶。」

「我們不是三個月前才剛辦完活動嗎，可以讓我們休息一下嗎 XDD」

「聽說打出這種表情符號的人，可以獲得老人認證。」

21 少男的祈禱

約莫 13 歲的夏天，在家裡打破玻璃，嘴上邊念著碎碎平安，手上邊拿著掃帚清理現場。當時的我對於清理玻璃碎片沒什麼想法，不知道要先用報紙之類的東西包裹住，避免玻璃碎片割傷人，就直接丟進塑膠垃圾袋。

到了晚上七點半，聽間遠方傳來少女的祈禱，我知道是垃圾車來了，於是我提著大包小包的垃圾和回收物，去丟垃圾了。

這個在平常不過的日常行為，我卻記的很深刻，因為在前往垃圾車的路上，我感受到小腿被忽然有一股暖流，心想該不會是垃圾袋內的汁液流出來了吧。

「小弟弟，你腳流血了耶。」

「阿，沒關係，垃圾車快到了，等一下回家在處理。」

我也不知道為什麼那時候我會如此淡定，當時回到家，腳上已經是滿滿的鮮血，至今小腿上那條被玻璃割傷的疤痕依然清晰可見。

到了高中，中午不愛睡覺的我，特愛幫忙班上的同學倒廚餘，甚至加入了環保小尖兵和衛生糾察隊，之所以會有這些行為，原因正是中午可以不用睡覺，甚至可以在學校回收場整理回收物。對於那時候的我，和朋友嬉笑打鬧才是正經事，即便是在廚餘回收場。

這樣回憶起來，我好像跟垃圾滿有緣的。

在 .NET Conf Taiwan 2019 的活動現場，我也曾經因為排山倒海的垃圾，被逼得要趕緊騎著 YouBike 去買垃圾袋（詳見第十七章），即使是在 .NET Conf Taiwan 2020 活動結束的隔天，垃圾依然用某種連結巴著我不放。

「同學，二樓的垃圾沒有處理唷。」

「有呀，我有用黑色塑膠袋包好，集中放在垃圾桶旁邊呀。」

「但是裡面垃圾沒有做好分類，而且不能用黑色塑膠袋裝，這樣清運單位會不知道裡面有沒有可回收物，這樣是不符合規定的，而且會造成他們的困擾。要再請你們星期一以前過來處理唷。」

「現在是星期天中午，不就是現在要過去處理了，這有點困難。」忙了兩天活動，夥伴們早就睡到不知到哪裡去了，我這時候要上哪裡找人去處理呀。

「你可能要趕緊想辦法囉。」

垃圾沒做好資源回收，確實是我們沒有注意到的環節，畢竟地球只有一個，我們應該做好資源不浪費的本分，才能在這個藍色星球上創造更多無限可能，你說對吧。

「不好意思造成你們困擾，我這邊現在找不到人過去處理耶，還是說你可以給我你們配合的清運單位的聯絡電話，我來和他們詢問一下，看能不能請他們幫忙。」

「可以唷，聯絡方式是…」

和專業的清運單位通了電話後，協商好請他們派人去處理，視當下清理所需要的人力、物力來做報價。基本上人力的部分，一個人一小時是 150 元，一個半小時算 200 元，然後再依此類推。物力的部分就是垃圾專用袋，一個袋子 50 元。

　　我記得和清運單位通完電話的時間整好是下午一點整，這時候的我，心中在盤算著這一趟派人清理要花多少錢，經費還夠支付嗎。沒想到沒過多久，約莫到了下午兩點四十分，接到來自清運單位的電話：

　「張先生，已經處理好囉，我們派了 4 個人，共用 6 個專用垃圾
　　袋，另外還有三大箱紙箱裝紙類回收。」

　「太感謝你了，款項我馬上匯過去給你。」

　　說真的，費用真的是小事，也真的不是什麼大錢，但為什麼這個幕後故事，值得我拿出來分享呢？

　　幕前幕後是兩個截然不同的世界，就像這些在舞台背後付出辛勞的清潔人員，他們一直在默默地為世界付出，為環境帶來改變，而當你沒特別注意時，只會覺得這一切就是那麼自然。即便這是他工作的一部分，我們也應該對他們的選擇表達感謝。

　　除此之外，垃圾是生活必然會產出的東西，正因為如此，我們應該更加重視垃圾的處理和資源的循環利用，如果不加以妥善處理，它們將成為我們地球家園的沉重負擔。妥善處理垃圾不僅是我們的責任，也是對我們生活環境的尊重。

22 You did an excellent job.

你可能會好奇這篇的標題為甚麼是英文，在 2019 年的活動現場，曾經發生一段充滿英文對話的故事。

「總召總召，有人說要找總召耶。」一名活動夥伴邊拉我去大會報到處邊和我說。

「發生什麼事了嗎？有人狗牌有問題嗎？」我們總是戲稱活動名牌為狗牌。

「是有個外國人說要找你。」

半信半疑的我跟著夥伴來到大會報到處，結果還真的有位外國人在那裡，一邊收集著大會準備的貼紙，一邊和顧攤位的活動夥伴用英文聊天。真的沒有想過我們的學員有這麼國際化，工作人員有這麼高水準，還可以處理來自異國朋友的問候與閒聊。

雖然接下來的對話都是用英文，但為了敘述故事，我們還是用中文吧。

原本以為是有議程安排發生了什麼狀況，讓外國人有不舒服的地方，正準備接受客訴的我已經做好了心理準備。沒想到，這名外國人一知道眼前這位裝扮像是工友的我是總召的時候，就開始讚揚這場活動辦得很好之一類的 blah - blah - blah。

當然聽到的當下是有點感動，這種場景就像是電影中，饕客找服務生請主廚出來，好讓饕客親自答謝一樣，有種辛苦被看見的感覺。

「你們有很棒的團隊在籌備活動，工作人員都很盡職的在處理活動事務，像這樣的活動應該一年多辦幾場，讓更多技術和學員有更多交流的空間。」外國人有點興奮這樣說。

「我們只是小小的非營利社群，哪有這麼多資源和精力呀…」這是我沒說出口的內心話，而真正說出口的是：「大型活動真的很能讓大家有足夠的空間和時間進行交流，我們也有在思考做一些小型的技術交流活動。」

接下來聊天的過程中，也提到了友社 twMVC 也做了很多社群交流活動，或許 STUDY4 也能做一些小型的技術分享活動，搞個 .NET Conf mini 之類的。

其實這是想法也是挺不錯的，.NET 這個框架幾乎甚麼事情都能做了，不管是要開發 Web 還是要寫遊戲，甚至你要用它來玩機器學習也都是做得到，或許可以搞個小型的技術交流，主題限縮在特定領域上，做一些專注在某項領域的分享。

接下來的兩年因為疫情的關係，我們除了幸運有辦成 .NET Conf Taiwan 年會之外，我們幾乎沒有辦其他線下活動了，有點可惜。

後來官方的 .NET Conf 團隊新推出了有別於過去常態舉辦的三天年會，.NET Conf Focus，在一天的議程中聚焦某項特定領域，例如 Focus on Windows 和 Focus on MAUI 的活動。

後來回想起這件事情的時候，有種當年那位外國人該不會是官方派來了解地方民情的使節吧。

後記

在寫稿的時候看到一篇來自 Facebook 純靠北工程師 6hk 貼文（https://s.poychang.net/fb-6hk），裡面提到「請社群向 IThome 學習如何辦活動」的訴求，其實滿有意思的，因為活動的幕後的故事，不是有沒有專業團隊來幫忙這麼簡單。

我分享一個故事，每次我開啟 .NET Conf Taiwan 的 Excel 收支表的時候，都會有種感慨，感慨我們竟然在辦一場活動金流如此之大的活動，不誇張，真的是好幾十萬在飛來飛去，為了省錢，在能力所及的地方，像是網站、設計、文宣，能靠自己搞定的事情就自己來。

我們也有想過直接把活動外包給專業如 IThome 的團隊來辦理，我們處理好社群方面的事情就好了，自己也不用忙活成這樣。

但我覺得社群辦活動最有趣的地方就在於不專業，因為許多的不專業造就了不一樣的面貌和想像。社群驅動的研討會，往往會為了解決某個資金上或是資源上的難題，想方設法地達成任務，即便離理想有段距離，但最值得回憶的就是一群來自社群的夥伴，共同搞定一件難如登天的記憶。

這不是在為自己的不專業而卸責，而是事情永遠有更精進的一步，以我的角度來看，社群和團隊的成就，這是外包所無法提供的。況且籌備社群活動的成員基本上是不支薪的，這也讓活動能以更親民的方式呈現。試想，當活動的一切都交給專業團隊來操刀時，那個票價可能就真的跟演唱會一樣，但不會一票難求。

最後，6hk 貼文中有一點是有問題的「.NET Conf 的缺點就是都微軟 Solution」，如果有參加這三年的 .NET Conf Taiwan 會發現，當微軟擁抱 Open Source 之後，我們活動中的議程也安排了許多 Open Source 的議程。當然，這些 Open Source 議程是可以應用在微軟的 Solution 中。

23 代墊款也有話要說

籌備一場大型年會所需要花費的資金其實比想像中的龐大許多，從最大筆的場地費，到各種輸出品、飲食、講師費、紀念品等，零零總總加起來那個數字是相當驚人的，一個非營利社群怎麼有辦法支付這些費用呀。

這本書有講到各種活動資金的來源，基本上是三大項門票收入、贊助費和販售紀念品，這個順序也就是金額大小的順序。

沒錯，在籌備三年 .NET Conf Taiwan 的活動經驗中，我很肯定門票收入是活動最主要的收入來源，但這也是最可怕的地方。怎麼說呢？

販售紀念品所獲得的資金收入，相比其他兩者其實佔比非常小，幾乎可不用討論。而贊助費通常會比較可觀，也比較能解燃眉之急。特別是在活動籌備的過程中，已經需要開始支付一些費用了。佔資金收入最大比例的門票收入，因為使用購票平台的關係，一般來說必須等到活動結束之後，才能申請提領，但在這之前就已經有許多費用要先行支出了呀。

這時候贊助費就幫了大忙，因為通常贊助費都是匯款、給現金，因此到帳後隨時可以調度使用，比起門票收入來說，更能解身體的渴。

不過身為活動最大筆的費用，場地費，這可不是幾筆贊助費就能支付的了得，除非有乾爹、乾媽可以幫你處理場地費，要不然即使是收現金的贊助費，依然很難度過支付一半場地費訂金的危機。

如果沒有乾爹、乾媽，難道這時候只能自己掏腰包代墊了嗎？在以前還真的是。

在我之前的 .NET Conf Taiwan 總召，就經歷過自己掏腰包代墊一大筆費用的經驗，那真的是充分感受到「差點軋不過來」的窘境，而且這樣做還會變得很難算帳。

後來好家在，我們所使用的 KKTIX 售票平台提供了一個很貼心的服務，主辦單位可以在任何時間於組織帳務頁面申請撥款，更方便您活動的資金調度。因此可以在售票到一個段落的時候，先將部分款項提領出來，用於支付場地訂金。棒棒！

不過在籌備 2021 年的 .NET Conf Taiwan 時，經過幾次介紹與討論之後，我們嘗試使用另一間售票平台，想說試試看另一家的服務，基本上能提供的功能都差不多，甚至也特別詢問了能否支援預先提領部分款項的服務，答案可肯定的。

但是，就是這個但是，當年售票到一半，需要預先提領部分款項的時候，被告知必須要有公司行號的大小章才能辦理預先提領的動作。我們只是個社群，哪裡有公司行號大小章，所以當年後來，我邁上了前總召的後塵，感受了「差點軋不過來」的窘境。

隔年，所幸乞求 KKTIX 讓我們回去（說乞求是誇張了，就只是帳號再打開而已），讓我們回到可以預先提領款項的擁抱，因為我們實在不想再經歷一次那種被代墊款壓著的感覺了。

24 我們很幸運

你知道嗎，COVID-19 這個名稱的命名是有由來的。首先，根據聯合國組織的準則，在幫新疾病命名的時候，必須要找到一個無關於地理位置、動物、以及人群的名稱，並且這個名稱還必須很明顯和疾病有關。

於是由代表冠狀（corona）的 CO、代表病毒（virus）的 VI 和代表疾病（disease）的 D 所組成的，而 19 則是代表 2019 年。所以 COVID-19 的全名其實叫做 Coronavirus Disease 2019（2019 年冠狀病毒病）。

在舉辦 .NET Conf Taiwan 2019 的當下，這個病毒就已經在某個地方蠢蠢欲動了，只是當時離我們舉辦活動的會場還相當遙遠。

結束 2019 年度的活動後，在過年前後，這個病毒的消息扶搖直上，越來越多新聞媒體在報導病毒擴散的驚人程度，一場大流行開始發生。

「好險我們已經辦完活動了，一次和四、五百人共處在同一個空間，不中標也難。」

「真的耶，這應該跟 2003 年的 SARS 一樣，會有一段恐慌期。」

「我印象當年 SARS 事件好像花了 3 個月才受到控制，這次應該也差不多吧。」

接下來的故事，你應該相當清楚，這場大流行維持了不僅 3 個月，而是 3 年後大家才漸漸脫下口罩。

這幾年還能成功把年會辦出來，真的是仰靠所有學員共同的努力，配合健康調查、戴好口罩、勤洗手和消毒。若還有其他，那或許是再加上一點幸運。

　　在辦完如此艱辛的 .NET Conf Taiwan 2020 之後，我有幸在 MVP 的內部交流中，分享了這次活動的心路歷程。接下來我想透過那次交流的部分投影片，和你分享當年活動的故事。

 MVP 月會投影片

在這場大流行的疫情之下，台灣可說是個奇蹟之島，沒想到我們還有機會舉辦大型的技術研討會 .NET Conf Taiwan 2020。

而且這也是 STUDY4 首次挑戰三天的活動，當中包首創的 Enterprise Day，邀請到微軟全球資深副總裁來為我們分享 .NET 開發世界的最新發展，以及為期兩天的 Community Day，當中包含最受開發者矚目的企業實戰議程。

即便在活動舉辦的時候，疫情已經稍微趨緩，但為了每一位學員與講師的健康安全，我們為這次活動做了相當多防疫工作，從安排各種防疫關卡、宣導、酒精消毒、配戴口罩、維持社交距離，連場地都每日進行兩次消毒，麥克風也都準備了一次性麥克風罩，盡可能最到杜絕病毒侵擾。

仔細看，工作人員中午用餐還戴著口罩呢。

在這裡要再一次感謝各位，感謝活動中每一位學員、講師、工作人員的配合，為活動的順利進行做出各種努力。

很感謝這次 10 周年的 .NET Conf 有大家與我們一起度過，即便活動當天上午有些濕冷，但這濕冷的天氣抵擋不住大家熱情參與，這次是我們 STUDY4 第一次挑戰超過 500 人的社群活動，也是我們有史以來最盛大的活動。

活動進行時，有學員說搞不好拜完大師們的簽名海報就不會下雨了，就跟拜乖乖的道理一樣。果真，就在拜完兩年 .NET Conf Taiwan 的講師簽名海報後，天空竟然就出現溫暖的陽光，讓下午的活動更順暢的進行。

這就是信仰呀！

社群講師果然不負眾望的超時演出,而且還是同一時段 4 場議程通通超時,即便下課了,學員們也湧上台前抓緊時間與講師交流。

就在超時的當下,主辦單位也在教室外頭派出禮物大隊,準備好由 STUDY4 設計製作的 **.NET Conf 10** 周年的紀念禮物要送給大家。這時候可能有些學員的心中,正在知識與禮物之間拉扯,思緒不斷地來回掙扎吧。

活動過後最感人的，不外乎每一位學員對活動的回饋，每一句讚美都會讓我們開心許久，每一句建議也都會作為我們下次改進的要點。而你們寫給講師的話，講師們也看得如數家珍，謝謝你們寫的每一字一句。

另外，讓我最沒想到的是，竟然就在活動結束的隔天，立刻就有學員將參加活動的精彩心得寫成文章分享出來。驚不驚喜意不意外，真的很驚喜也很意外。

■ TW MVP月會-2020.08.18（范聖佑的分享+Docs&Learn Champion活動介紹）.mp4

其他

- 說到底，今年還能完成年會就要掌聲鼓勵了！
- 所有以前累積的經驗，在今年不見得能派得上用場
- 時局的變化考驗籌備小組的應變能力
- 保持彈性是活下來的必要條件

2020 年的早些時候，聖祐曾經在這裡分享他在疫情下籌備 LaravelConf Taiwan 背後的血與淚，在結尾的時候特別講到「說到底，今年還能完成年會就要掌聲鼓勵了」。當時的我覺得聖祐真的很猛，果然 PHP 是地表上最強的語言。

也在當下，正在籌備 .NET Conf Taiwan 的我，心裡其實非常的挫，擔心疫情再這樣下去，一年一度的技術年會就這樣被搞沒了。不過好家在我們很幸運，在各路的支援之下，也跟上了聖祐的腳步，成功完成了這次年會。

（掌聲鼓勵 + 尖叫）

最後，真心的感謝這一路上每一位幫助過我們的人們，以及每一位報名參加活動的學員、講師、工作人員，沒有你們就沒有這次的活動，沒有你們活動不會如此精彩。

疫情打亂了我們原本生活的步調，但沒有擊敗我們的熱血的新，2020 我們辦到了，讓我們奔向充滿希望的 2021 ！

　　本書的篇幅有限，有些精彩的投影片，無法在此呈現。不過短網址很厲害，https://s.poychang.net/netconf22-review 你可以從這裡看到最完整的投影片內容，務必看到最後一頁。

25 Poy 叔叔在哪裡？

大師級講師分享的精闢內容通常是很多經驗的濃縮，而經驗通常需要有時間和事件的累積才可以獲得，不過這幾年發現，大師的年齡好像都開始有一點大，是不是社群即將邁入講師高齡化。

講師在準備議程的內容往往是需要花費很多時間，而這種付出經常是需要佔據家庭時間，甚至有時候連參加活動都需要先開個家庭會議，夫妻倆好好討論一下才能決定，畢竟對於有小小孩的講師來說，辛苦的還有另一伴。因此隨著技術年會一年又一年的舉辦，在籌備活動的時候開始聽到這樣的討論主題「兒童遊戲區」，讓當父母的講師能有個地方安置小孩。

就在第三年舉辦 .NET Conf Taiwan 技術年會的時候，諾大的活動會場中，學員都在教室中聽課，這段空檔當然是去講師休息室和講完課的講師聊聊天、說說五四三。

「媽媽，我想畫畫。」

講師休息室內傳出了小孩的聲音，走進休息室一看才知道，G 講師的太太帶著小妮子來探班了。

畢竟我也是一個孩子的爸，當然懂的為人父母隨側在旁照顧小孩的心情。聽到有小朋友想畫畫，立刻手起刀落拿出活動會場中最大紙張，全開紀念海報，讓小妮子畫個痛快。

可能因為投其所好的關係，小妮子瞬時和初次見面的我熱絡了起來，後來甚至滿場跑的要找我。G 講師問了小妮子要找總召做什麼呢？小妮子童言童語的回答：「我想要跟 Poy 叔叔拿名牌，這樣我也是老師啦。」

想當然我立刻手起刀落，拿出活動會場中每個人都有的活動識別證，掛上小妮子的脖子上，大聲呼喊「小妮老師好！」

每位小孩都是父母的稀世珍寶，只希望你們開心快樂的長大。

至於兒童遊戲區，我再想想辦法。

後記

某次聚餐，我終於看到黑暗執行緒部落格的作者，難掩心裡激動趕緊跑去拍照留念，畢竟這位只見其文不見其人的大神，我可是讀他的部落格長大的。

同樣也是在這次的聚餐，在談笑風生之際聊到了一個話題：好像到了一個年齡就會有人默默消失在社群。當下我們都認為這是事實，但背後的原因似乎也很難探究，畢竟消失的人也沒有出現。

後來仔細想想，會有人逐漸淡出社群甚至忽然消失不見人影，這也是可以被理解的，原因不外乎身體健康、工作因素、家庭要照顧。

在籌備研討會的時候，曾經有計畫邀請名聲遠播的前輩來分享，但因為健康因素而無法允諾。在社群中也有曾經十分活耀的朋友，因為工作轉換甚至移居他地的關係，幾乎無法參與社群活動。

至於家庭，特別是有小孩的時候，還要兼顧社群真的很難。在舉辦 .NET Conf Taiwan 2019 活動的時候，我小孩剛滿兩歲，許多活動的事務、討論、實作，都和小孩的成長交織在一起。用嬰兒背帶抱小孩，邊哄

睡邊用電腦的時期；在房間角落架起直播台，小孩爬來跟你玩；這種小孩與社群角力的現場，我也是經歷過滿多回合的。

　　相信許多人都把家庭擺在生命中的第一位，不是藉口而是教條。在家庭中，人們可以找到支持、愛和歸屬感，這些都是非常重要的東西。這樣一想，許多原本在社群活躍的朋友們，為甚麼會從社群中隱沒，好像也多了分合情合理。

圖 25-1 小妮子的塗鴉現場

圖 25-2　來自小妮子的幕後花絮

26 那一夜的聊天

「你還記得 STUDY4 為什麼是取這個名字嗎？」

「當初是看到 iPhone 4 在台灣上市，然後搭配自己的爛英文，就改成這個名字了。」

「改成這個名字？」

「最早叫點課幫，但是在第一次活動後就想改名了，有想過叫做 CodeBox 或是 CodingBox，後來定調為 STUDY。然而，當時 iPhone 4 剛上市正夯，於是就隨口一搭，STUDY4 這名字叫起來感覺不錯，於是就這麼定下來了。現在看，其實 STUDY4 這個名字取得還不錯，後面可以接任何東西，微軟應該叫我去命名的。」

「原來還有這段故事。」

STUDY4 誕生於 2011/09/25，那時候知道 STUDY4 的社群成員頂多就 10 個人吧，一開始，我們只是在台中一間小小的咖啡店聊聊技術，而且辦 meetup 的時候，參與人數可能也就只有 3 個人。

轉眼之間，時間很快就過去了，從創立至今已經過了 11 個年頭，舉辦超過 70 場大大小小的活動，活動規模也從當年的 3 個人，到現在超過 500 人報名參加。這之間我們經歷過各種技術的改朝換代、開發思維的變遷、產品的迭代，最後成了現在的我們。

「我有個問題，現在有許多社群開始委託公關公司舉辦社群活動，社群就專注在經營社群就好，你為什麼不選擇這樣？」

「與社群接觸也有一陣子了，如果允許，我絕對都是親力親為。理解自己與其他 DevRel 型態不同，但是想為開發者服務以及提供平台和機會，這樣的熱情和初衷至今是沒有相差太遠。這一路歷經拍片、直播、文章、黑客松、聚會、研討會的大型活動，讓我更明白社群的參與更重視人與人交流，大家可能因為某個技術相聚，但是更多的是彼此在生活中的學習與處世方式。」

「看的出來你對社群的熱血付出，不過時間和精力終究是有限的，為什麼不找廠商來處理活動籌備與執行就好了。」

「的確，每次活結束之後，難免會略顯疲態，需要回血。不過這就像要送禮物給重視的人，當然可以花 390 買一條圍巾送完就結束，也可以是花 7 天的時間慢慢鉤針，真的想要傳遞某些心意時，是會想自己下去親自參與，享受過程與傳遞出去的結果。

理想中的技術傳教士是真的想為更多的開發者努力，花錢請廠商處理活動大小事可以讓事情變得相對簡單，但這樣做卻容易流於形式。我想用最純粹的方式和大家一起完成不知道哪來但很堅持的理想。」

在最後一場 TechDays 過後，已經很久沒有像這次活動有超過 30 位微軟技術講師聚集分享技術的盛會，這對於微軟技術的開發者而言，是很重要的凝聚與重視。另外，之所以能引起這麼大的迴響，除了翹首以盼之外，經過社群討論出來的主題，才是最能反映現在開發者在討論的話題。

2019 年我們一起去廣州擔任 Global Azure Bootcamp 的講師，你講 Event Driven Architecture，我分享 Bot Framework，兩個截然不同的內容，卻讓我

們有機會認識彼此。活動前一夜我們在飯店聊了許久,我們都希望透過社群,讓更多的人能夠在這個平台分享自己的經驗,讓更多的人能夠在這裡找到自己的夥伴,讓更多的人能夠在這裡實現自己的夢想。

這幾年我們一起寫下了我們社群新的一頁,而你所創立的社群,STUDY4,還會繼續把故事寫下去。

「謝謝你,我們是活動好夥伴。」

圖 26-1　STUDY4 創辦人,Sky Chang,技術路上永遠的好夥伴

每場活動的背後

總有付出滿滿熱情的人

謝謝每一位曾經來參加社群活動的你們

以及在活動會場中共同奮鬥的熱血工作人員

因為有你們的參與

活動才因此變得熱鬧、有趣

我們是活動好夥伴

博碩文化

博碩文化